JÜRGEN HESSE
HANS CHRISTIAN SCHRADER

Hesse/Schrader-Training Lebenslauf

BEWERBUNGSTUNING – LÜCKEN FÜLLEN – DARSTELLUNG OPTIMIEREN

STARK

Liebe Leserin, lieber Leser,

mit diesem Buch erhalten Sie auch eine
CD-ROM. Um auf die Inhalte zugreifen
zu können, müssen Sie vor dem erstmaligen
Gebrauch folgenden Code eingeben:

S1303T

Auf der CD-ROM

- über 50 hervorragende Mustervorlagen und
  Trainings-Tools

- Hesse/Schrader-Videos

- Lerntests und Übungen (nur für Windows)

- umfangreiche Hintergrundinformationen (nur
  für Windows)

Die Autoren

Jürgen Hesse, Jahrgang 1951, Diplompsychologe
im Büro für Berufsstrategie, Berlin.
Hans Christian Schrader, Jahrgang 1952, Diplompsychologe
in Baden-Württemberg.

Anschrift der Autoren

Hesse/Schrader
Büro für Berufsstrategie
Oranienburger Straße 4–5
10178 Berlin
Tel. 030 288857-0
Fax 030 288857-36
www.berufsstrategie.de

ISBN 978-3-86668-473-7

© 2011 by Stark Verlagsgesellschaft mbH & Co. KG
www.stark-verlag.de

Inhalt

Auf der CD-ROM

Hier finden Sie über 50 Bewerbungsmuster,
Videos und Training-Tools.
Das genaue Inhaltsverzeichnis der CD
befindet sich auf der Umschlagseite 2.

MERKBLÖCKE	6, 7, 12, 19, 69, 127, 134
FEHLER, IRRTÜMER, VERSÄUMNISSE, FALLEN	18, 44, 58, 69
PRAXISBEISPIELE	20, 36, 49, 100, 121
LERNTESTS	12, 14, 64, 82, 90, 99, 107, 128

Fast Reader

Sie beschäftigen sich gerade intensiv damit, Ihre Bewerbungsunterlagen optimal vorzubereiten – vielleicht liegt schon eine konkrete Stellenausschreibung vor, die Sie interessiert, oder aber Sie studieren noch den Stellenmarkt auf der Suche nach einer attraktiven Position.

Egal, ob Sie sich aus einem Arbeitsverhältnis heraus bewerben oder schon einige Zeit ohne Job sind: Sie sollten wissen, dass für den Personalauswähler, der Ihre Bewerbung in die Hand nimmt, der **Lebenslauf** das Herzstück Ihrer schriftlichen Unterlagen darstellt. Wenn dieses Dokument ihn von Ihrer fachlichen und persönlichen Eignung für die zu besetzende Position überzeugt, wird er, positiv gestimmt, auch die anderen Unterlagen aus Ihrer Mappe begutachten – und dann gehören Sie vielleicht zu den Bewerbern, die in die zweite Runde des Auswahlverfahrens kommen. Und dann …

Aber vor den Lohn haben die Götter bekanntlich den Schweiß gesetzt. Die Anfertigung eines formal und inhaltlich überzeugenden Lebenslaufs kann Sie gut und gerne einige Tage Zeit kosten. Und er muss selbstverständlich jeder Stellenausschreibung individuell angepasst und kann nicht einfach wiederverwendet werden. Erst wenn Sie mit der schriftlichen Version Ihres beruflichen Werdegangs wirklich zufrieden sind, sollten Sie das Anschreiben verfassen und Ihre restlichen Unterlagen dem Stil und der Botschaft des Lebenslaufs anpassen, damit das Ganze eine »runde Sache« wird.

Aber keine Angst, das ist kein Hexenwerk. In diesem Buch finden Sie alle Informationen und Werkzeuge, die Sie für das »Unternehmen Lebenslauf« brauchen. Wir haben zunächst einmal kurz und prägnant die **Basics für Ihre schriftlichen Unterlagen** zusammengestellt. In diesem Teil finden Sie auch die wichtigsten formalen Vorgaben und gute Ideen für den Aufbau und die Gestaltung Ihrer Bewerbungsmappe, ebenso die Besonderheiten, die bei einer E-Mail-Bewerbung zu beachten sind.

Im Hauptteil beschäftigen wir uns damit, welche Chancen und Risiken die Darstellung Ihres berufli-chen Werdegangs birgt. Sie werden in den seltensten Fällen eine lückenlose, beständig positiv verlaufene Karriere vorweisen können, in der es niemals Probleme gab, über die ein Personalchef stolpern könnte. Was wir damit meinen? Stichworte sind beispielsweise: Arbeitslosigkeit, zeitliche Lücken aus anderen Gründen (Elternzeit, Krankheit, persönliche Krisen usw.), Job-Hopping, kein roter Faden erkennbar oder zu wenige Wechsel, Kündigung durch den Arbeitgeber und vieles andere mehr. Eine Auflistung aller möglichen Lücken und Probleme mit kurzen Tipps, wie man damit umgeht, finden Sie in unserem »**Tuning- und Repair-Kit-Programm**« (s. S. 15 ff.).

Natürlich können Sie Ihr Leben nicht neu erfinden. Aber es gibt viele Möglichkeiten, diese »Lücken« und »Probleme« in einem anderen Licht erscheinen zu lassen, sie geschickt zu umschiffen oder neu zu benennen. Wie das geht, zeigen Ihnen die zahlreichen **kommentierten Beispiele**, die wir nach den verschiedenen Problemkreisen und Gegenargumenten geordnet für Sie zusammengestellt haben. Oft sehen Sie die erste und die zweite Version eines Lebenslaufs und der anderen Unterlagen – Sie werden staunen, was man alles falsch und wie man es geschickter machen kann!

Nehmen Sie sich die Zeit, Ihren Berufsweg auf kritische Punkte hin zu durchleuchten. Es lohnt sich, das haben wir in unserer Beratungsarbeit oft genug erlebt. Die schriftlichen Unterlagen und dabei vor allem die gelungene Darstellung Ihres beruflichen Werdegangs sind der Türöffner für eine Einladung zum Vorstellungsgespräch. Überzeugen Sie Ihren potenziellen neuen Arbeitgeber mit dieser ersten Arbeitsprobe. In diesem Buch finden Sie alles, was Sie dafür brauchen.

Weitere Bewerbungsbeispiele und viele zusätzliche Infos zum gesamten Bewerbungsverfahren finden Sie auf der CD-ROM, die diesem Buch beiliegt. Zahlreiche gut gestaltete Bewerbungen können Sie in Ihre Textverarbeitung übernehmen und mit Ihren eigenen Daten überschreiben.

Ihre Bewerbungsunterlagen – das Wichtigste auf einen Blick

Heutzutage besticht Werbung häufig durch Kreativität. Natürlich ist diese auch bei Gestaltung und Inhalt Ihrer Bewerbungsmappe gefragt. Doch es gibt im Bewerbungs-Business gewisse Gepflogenheiten, an die Sie sich besser halten sollten.

Sehr oft enthalten Stellenangebote bereits die ersten Vorgaben. Typisch ist etwa die Anweisung: »Schicken Sie uns bitte Ihre vollständigen Unterlagen zu.« Nur was heißt das? Es bedeutet, dass bestimmte Papiere auf jeden Fall in Ihrer Mappe enthalten sein müssen. Und das sind:

1. Anschreiben (bitte lose obenauf)
2. Lebenslauf
3. Foto
4. Schul- und Arbeitszeugniskopien
5. Bescheinigungen/Zertifikate (z.B. Qualifikationen, Weiterbildungen)

Lassen Sie uns mit dem Lebenslauf anfangen. Erst wenn dieses »Herzstück« Ihrer Bewerbung Sie zufrieden stellt, können Sie das dazu passende Anschreiben verfassen.

LEBENSLAUF

Für den Personalentscheider ist weniger Ihr Leben als Ihr »beruflicher Werdegang« interessant. Stellen Sie Ihren Berufsweg so dar, dass er möglichst gut zum Unternehmen und den geforderten Qualifikationen passt.

Überlegen Sie, welche Kenntnisse und Erfahrungen Sie von anderen Bewerbern unterscheiden? Diese können sowohl aus dem privaten wie auch aus dem beruflichen Umfeld kommen: Führerschein, PC- oder Internetkenntnisse, eine besondere Weiterbildung, ein außergewöhnliches Ehrenamt, Auslandsaufenthalt, Sprachen oder eventuell ein interessantes Hobby, das auch positive Auswirkungen auf Ihre berufliche Performance haben könnte. Dabei sollten Sie Ihre Angaben natürlich an jede Stelle möglichst gut anpassen, ohne dass Sie Unwahrheiten schreiben. Das ist die eigentliche Leistung, die Sie Zeit und Mühe kostet.

Der Lebenslauf umfasst eine bis maximal drei Seiten. Er wird in tabellarischer Form mit dem PC oder der Schreibmaschine geschrieben, nur auf ausdrückliche Aufforderung hin handschriftlich. Und selbst wenn das gewünscht wird, ist es besser, alle Daten maschinenschriftlich zu Papier zu bringen und nur die Dritte Seite (s. S. 9) handschriftlich beizulegen.

MERKBLOCK

Ohne Vorbereitung sich an die Erstellung der schriftlichen Bewerbungsunterlagen zu machen, seinen beruflichen Werdegang zu Papier zu bringen, ist vergleichbar mit dem Versuch, Kuchen zu backen ohne Mehl und Zucker ...

Verdeutlichen Sie sich unbedingt zu allererst selbst, was Sie am Arbeitsmarkt anzubieten haben, **was Ihre besondere Problemlösungs-Kompetenz ist,** die Sie zu einem interessanten Bewerber macht. Wo werden Problemlöser mit Ihren Kenntnissen gesucht? So an Ihr Bewerbungsvorhaben herangegangen, werden Sie viel schneller Erfolg haben.

Eigentlich ganz klar! Überall ist das von besonderer Bedeutung: **Ihr Selbstbewusstsein, Selbstvertrauen, Ihre Selbstwirksamkeit.** Das zählt auch schon beim Erstellen Ihrer Unterlagen.

Nun zu den Inhalten eines Lebenslaufs, die aber – bis auf die persönlichen Daten – nicht in dieser Reihenfolge stehen müssen. Hinzu kommen jeweils die entsprechenden zeitlichen Daten:

Persönliche Daten
- Vor- und Zuname
- Anschrift mit Telefon und eventuell E-Mail-Adresse (sofern diese Angaben nicht schon auf dem Deckblatt stehen)
- Geburtsdatum und -ort (nur bei Ausländern: Staatsangehörigkeit)
- Familienstand (Angabe »verheiratet« oder »unverheiratet« reicht aus)

Weitere freiwillige Angaben
- Zahl und Alter der Kinder (Angabe eher nur bei älteren Kindern, ab 10 Jahre, empfehlenswert)
- Religion (nur bei kirchlich gebundenen Arbeitgebern)
- Name und Beruf des Ehepartners (bei gleichem Berufsfeld wie in der Stellenausschreibung)
- Name und Beruf der Eltern (nur bei sehr jungen Bewerber/innen unter 16 Jahren)

Foto
- Ein professionelles Foto (auf der Rückseite mit Namen versehen) kleben Sie rechts oder auch links oben auf die erste Seite des Lebenslaufs oder noch besser auf das Deckblatt.

Schulausbildung
- Schultypen und Ort
- Schulabschluss (bei jüngeren Bewerbern eventuell mit Abschlussnote)

Berufsausbildung
- Ausbildungsberuf
- Abschluss/Berufsbezeichnung
- Ausbildungsstätte und -ort

Studium (falls zutreffend)
- Studienrichtung
- Hochschule und Abschlüsse (eventuell mit Abschlussnote)
- Schwerpunkte (nur bei wenig Berufspraxis)

Berufspraxis
- Arbeitgeber und Ort
- Position und Aufgabenbereich, eventuell mit Kurzbeschreibung
- länger als zehn Jahre zurückliegende Tätigkeiten: grob benennen, zusammenfassen oder weglassen, es sei denn, sie sind von wesentlicher Bedeutung

Praktika (falls zutreffend)
- Angaben wie oben, sofern nicht schon bei Berufspraxis aufgeführt

Weiterbildung (falls zutreffend)
- Berufliche Kurse, Seminare, Workshops (sofern für Aufgabengebiet von Bedeutung, auf alle Fälle längere Zusatzausbildungen), jeweils mit Veranstalter und Titel/Inhalten
- Außerberufliche Kurse (falls für Aufgabengebiet von Bedeutung, z. B. Sprachkurse, Arbeitstechniken)

Besondere Kenntnisse
- Fremdsprachen (mit Angabe, ob fließend, verhandlungssicher, Grundkenntnisse etc.)
- EDV/PC-Kenntnisse (Bereiche, z. B. Textverarbeitung; eventuell Programme)
- Führerschein mit Klasse

Sonderinformationen
- Auslandsaufenthalte (ab mehreren Monaten)
- bei Männern: Wehr- oder Ersatzdienst (um Lücken im Lebenslauf zu schließen)
- bei Frauen: Familienphase/Kindererziehung (um Lücken im Lebenslauf zu schließen)
- eventuell zusätzliche Erklärung, was Sie gerade an diesem Arbeitplatz reizt!

Hobbys/Interessen
ehrenamtliches Engagement
- können entscheidend sein, um ein Bild Ihrer Persönlichkeit zu entwerfen
- sollten halbwegs zur Bewerbung um diesen Arbeitsplatz passen

Ort
Datum
Unterschrift
- Ort und Datum (ohne »den«) mit PC oder handgeschrieben
- Unterschrift (mit Vor- und Zunamen): leserlich, möglichst mit blauer Tinte

Der Aufbau des Lebenslaufs erfolgt entweder chronologisch (nach der zeitlichen Abfolge) oder er fasst mehrere Hauptpunkte strukturiert zusammen, z.B. Schulbildung, Berufspraxis, Fortbildungen und so weiter. Bei beiden Versionen haben Sie die Möglichkeit, entweder mit der Schulbildung zu beginnen und bis zur derzeitigen Tätigkeit fortzufahren (»deutscher Lebenslauf«), oder mit dem Neuesten anzufangen und ältere Daten nach hinten zu verschieben (»amerikanischer Lebenslauf«).

Der amerikanische Lebenslauf wird immer beliebter. Die chronologische, deutsche Version eignet sich besonders für Bewerber, deren Berufsweg stetig und ohne Lücken möglichst positiv (immer besser werdend) verlaufen ist, die immer im gleichen Beruf, in der gleichen Branche gearbeitet haben, und für Kandidaten, die sich bei konservativen Unternehmen bewerben. Für die ständig wachsende Anzahl von Menschen, die ihren Beruf oder ihr Aufgabenfeld wechseln, die durch Kinderbetreuung und Arbeitslosigkeit Lücken im Berufsleben haben, sowie generell für ältere, aber auch für erfahrene Bewerber und Spitzenleistungs-Kandidaten empfiehlt sich eher der amerikanische Lebenslauf. Dabei fällt der Blick gleich auf die neuesten, aktuellen (bzw. letzten) Tätigkeiten.

Wie Sie Ihren Lebenslauf/beruflichen Werdegang sowohl formal als auch inhaltlich optimal gestalten und wie Sie mit Lücken und Problemen in Ihrer Laufbahn umgehen, erfahren Sie ab Seite 15.

FOTO

Ihr Foto sagt anderen viel mehr über Sie, als Sie sich vorstellen können! Viele Personalentscheider behaupten, vom Foto des Bewerbers auf dessen Kontaktfähigkeit, Entschlusskraft, Anpassungsbereitschaft und andere Eigenschaften schließen zu können. Wählen Sie einen guten Fotografen aus, der sich etwas mehr Zeit für Sie nimmt. Er kann Sie auch beraten, was den Stil Ihrer Kleidung, die Frisur, das Make-up usw. betrifft. Ihr Outfit sollte ja zu der angestrebten Position passen. Lassen Sie am besten ein Porträtfoto machen, denn es zeigt mehr von Ihrer Persönlichkeit als die typischen Pass- oder Bewerbungsfotos. Später können Sie in Ruhe das am besten geeignete aussuchen, wobei Sie auch den Fotografen und Freunde in die Entscheidung mit einbeziehen sollten. Das Wichtigste: Lächeln Sie bei den Aufnahmen, machen Sie einen entspannten, selbstbewussten Eindruck.

Farb- oder Schwarz-Weiß-Fotos sind möglich – Letztere wirken jedoch seriöser und können keinem Farbgeschmack missfallen. Als Fotoformat wählen Sie mindestens 6 × 4,5 cm, 6 × 6 cm (quadratisch) oder sogar ein Querformat.

Besonders extravagant wirkt ein leicht angeschnittenes Porträtfoto, das nicht den gesamten Haarschopf zeigt, dafür aber das Gesicht besonders in den Vordergrund rückt. Oder versuchen Sie es mal mit einem Oberkörperporträt, mit dem Sie Dynamik ausstrahlen (vgl. Seite 104)! Inzwischen ist es auch akzeptiert, sehr gute Kopien digitaler Fotos auf hochwertigem Fotopapier zu verwenden – oder Sie fügen das Digitalfoto direkt in die Datei des Lebenslaufs ein und drucken diesen mit einem leistungsfähigen Drucker, sodass das Foto farbecht und in bester Qualität erscheint. Auch wenn Sie Ihre Bewerbung per E-Mail verschicken (siehe Seite 13), achten Sie auf eine ausreichend hohe Auflösung des Fotos. Falls Sie bereits ein passendes Foto haben, sollte dies möglichst nicht älter als ein Jahr sein. Üblicherweise wird das Foto rechts (evtl. auch links) oben auf die erste Seite des Lebenslaufes geklebt. Auf die Fotorückseite schreiben Sie mit Bleistift Ihren Namen, für den Fall, dass sich die Verklebung löst. Wenn der Lebenslauf schon relativ viele Daten enthält, empfiehlt es sich eher, das Foto auf einem gesonderten Deckblatt anzubringen, wo es eine größere Wirkung erzielt (s. u.).

DECKBLATT

Wenn Ihre Bewerbungsunterlagen etwas umfangreicher sind, gestalten Sie ein Deckblatt, das Sie Ihrem Lebenslauf voranstellen. Es wirkt als Einleitung oder noch besser als Einladung zum Weiterblättern und verschafft Ihrem Bewerbungsanliegen größere Aufmerksamkeit. Außerdem entzerren Sie damit den Text und bieten Ihrem Foto einen »Sonder-Ehrenplatz«. Auf dem Deckblatt ansprechend verteilt steht z.B.:

- Bewerbungsunterlagen für Firma … (eventuell mit Namen des Ansprechpartners)
- für die Position als …
- von … (Ihr Name, eventuell Berufsbezeichnung).

Wenn Sie Ihr Foto, das in diesem Fall ruhig ein etwas größeres Format haben darf, auf diese Seite kleben bzw. als Datei einfügen, können Sie auch Ihren Namen mit Adresse und Telefonnummer darunter schreiben. Möglicherweise fügen Sie Ort und Datum hinzu sowie eine Übersicht der Anlagen.

DRITTE SEITE

Diese Bezeichnung stammt aus der Pressewelt, in der große, überregionale Tageszeitungen auf der dritten Seite Hintergrundinformationen zu einzelnen Themen liefern. Bei einer Bewerbung können Sie hier zusätzliche, für die Firma interessante Infos über sich unterbringen. Sie sollten jedoch keinen allzu langen »Aufsatz« schreiben, etwa sieben bis maximal fünfzehn Zeilen sind genug. Wenn Sie eine kreative Ader haben und sich von der Bewerbermasse abheben wollen oder wenn Sie von mangelnder Berufspraxis oder einer abgebrochenen Ausbildung ablenken möchten, formulieren Sie auf der Dritten Seite Antworten auf diese Fragen:

- Persönliches: Was sind meine besonderen Eigenschaften, Stärken und Begabungen? Was wird an mir besonders geschätzt oder bewundert?
- Fachliches: Was sind meine Schwerpunkte, die mich von anderen unterscheiden? Durch welche Ausbildungen habe ich diese erworben und in welcher Berufspraxis angewendet?
- Motivation: Warum bewerbe ich mich ausgerechnet auf diese Stelle? Was reizt mich am Aufgabenbereich oder an der Firma?

Selbstverständlich sollten Ihre Ausführungen zur angestrebten Position und Aufgabe passen. Verzichten Sie auf abgedroschene Sprüche wie »Probleme sind dazu da, dass man sie löst!«. Entwerfen Sie mehrere Versionen der Dritten Seite und zeigen Sie diese Menschen, denen Sie ein gesundes Urteilsvermögen zutrauen: Welcher Entwurf beschreibt Ihr Wesen am treffendsten? Welcher stellt Sie besonders positiv dar? Welcher bleibt am eindrucksvollsten im Gedächtnis?

Wenn Sie sich für den Inhalt entschieden haben, wählen Sie eine Überschrift, z.B. »Mehr über mich« oder »Mein besonderes Interesse an der Position«.

ANSCHREIBEN

»Hiermit bewerbe ich mich ...« Mindestens jede zweite Bewerbung beginnt mit diesem Satz. Ihre hoffentlich nicht. Sie müssen ja nicht gleich einen Slogan erfinden, aber verzichten Sie auf diese langweilige Eröffnung. Sie wollen mit dem ersten Satz ja die Aufmerksamkeit des Lesers wecken und sein Interesse an Ihrer Person verstärken. Beachten Sie die Hinweise zur DIN 5008 auf Seite 140.

Beispiele für gelungene Anfangssätze:

- »Mit großem Interesse habe ich Ihre Anzeige gelesen und möchte mich Ihnen vorstellen als ...«
- »Sie sind ein Unternehmen, das ..., und ich habe ... zu bieten.«
- »Sie bieten eine interessante Aufgabe an, die mich heute veranlasst, mich Ihnen als ... vorzustellen«
- »Seit einigen Jahren verfolge ich bereits mit großem Interesse die Entwicklung Ihres Unternehmens / Ihrer Forschungsarbeiten etc. ...«

- »Durch das Internetangebot des Arbeitsamts bin ich auf Ihre Anzeige für die Stelle als ... aufmerksam geworden.«
- »Für das freundliche und aufschlussreiche Telefonat möchte ich mich sehr herzlich bei Ihnen bedanken. Es hat mich darin bestärkt, mich für die ausgeschriebene Stelle als ... zu bewerben«
- »Wenn ich mich Ihnen heute vorstelle, so geschieht dies vor dem Hintergrund, dass ich gerade ...«
- »Auf der ... Messe hatte ich die Gelegenheit, mit ... / Ihnen ins Gespräch zu kommen. Wir haben über die Möglichkeiten ... gesprochen. Sicherlich erinnern Sie sich noch.«
- »Auf Empfehlung von Herrn Hans Müller wende ich mich heute an Sie, um mich Ihnen ...«
- »Sie suchen für Ihre ...-Abteilung einen leistungsstarken und gut ausgebildeten ... Gerne möchte ich mich Ihnen als Bewerber vorstellen.«
- »Beim Recherchieren auf Ihrer Homepage bin ich auf Ihre Personalsuche aufmerksam geworden und interessiere mich für eine Mitarbeit als ... bei Ihnen.«

Nach der Eröffnung geht es darum, knapp und überzeugend zu argumentieren, dass Sie der bzw. die Richtige für die zu besetzende Stelle sind. Auf welche Qualitäten, also Kenntnisse, Fähigkeiten, Eigenschaften, die beispielsweise den im Anzeigentext genannten Forderungen entsprechen, können Sie verweisen?

Erfolg versprechend ist Ihr Anschreiben besonders dann, wenn Sie Ihre Motivation glaubwürdig zum Ausdruck bringen. Finden Sie eine plausible Antwort auf die Frage: Warum wollen Sie in genau diesem Unternehmen arbeiten? Und warum sollte der Personaler gerade Sie einstellen?

Beispiele für gelungene Weiterführungen

- »Kurz zu meiner Person …«
- »Ich bin … Jahre alt und habe dies und das dann und dann gemacht/abgeschlossen. Nun möchte ich mein Wissen und Können gerne in Ihrem Unternehmen einbringen und weiterentwickeln.«
- »Als frisch diplomierte Betriebswirtin (Abschlussnote 2,3) möchte ich mit viel Engagement und Elan zum Erfolg Ihrer Firma beitragen …«
- »Meinen international orientierten Werdegang (Studium in England, Abschluss BA …) und meine Erfahrungen im Ausland könnte ich idealerweise in der Position des Sales Managers in Ihrer weltweit erfolgreich agierenden Unternehmensgruppe einbringen.«
- »In den letzten Jahren konnte ich als … vor allem in den Bereichen … meine Fähigkeiten … unter Beweis stellen.«

Verweisen Sie zum Schluss ruhig auf ein mögliches Vorstellungsgespräch, und das am besten kurz und bündig:

Beispiele für gelungene Schlusssätze:

- »Über die Einladung zu einem persönlichen Gespräch freue ich mich.«
- »Für alle weiteren Fragen stehe ich Ihnen gerne in einem persönlichen Gespräch zur Verfügung.«
- »Gerne möchte ich Sie in einem persönlichen Gespräch von meinem Angebot überzeugen. Ich freue mich auf die Begegnung mit Ihnen.«
- »Sind Sie interessiert, dann laden Sie mich doch bitte zu einem Vorstellungsgespräch ein.«

Aber vergessen Sie nicht: In der Kürze liegt die Würze. Der Personalentscheider hat weder Lust noch Zeit, Romane zu lesen. Beschränken Sie sich auf sechs bis acht, maximal zehn Sätze. Und diese sollten keine Rechtschreib- oder Kommafehler enthalten. Am besten lassen Sie Freunde oder Bekannte Ihre Bewerbung Korrektur lesen.

Die wichtigsten Standards bei den Bewerbungsunterlagen

- Gutes weißes oder auch dezent getöntes Papier (z. B. grau, beige), unliniert im DIN-A4-Format
- einseitig beschrieben
- möglichst mit PC mit gutem (Laser-/Tintenstrahl-) Drucker ausdrucken, kein Blocksatz; besser Flattersatz, da er lebendiger wirkt
- Unterschrift mit Füllfederhalter oder Tintenschreiber – am besten in Königsblau (Lebenslauf und Anschreiben)

- nicht radieren, durchstreichen oder mit Tipp-Ex korrigieren. Immer neu ausdrucken!
- Rechtschreibung, Grammatik und Zeichensetzung müssen absolut korrekt sein
- übersichtliche, klare Gliederung
- gute Platzeinteilung und angemessene Ränder (ca. 4 cm links, ca. 3 cm rechts), keine »Löcher« in den Zeilen oder an deren Ende
- weder Flecken noch Eselsohren oder zerknittertes Papier

- das Anschreiben liegt lose, gesondert obenauf, die restlichen Unterlagen kommen in eine adäquate Bewerbungsmappe
- nur gute, neue Fotokopien verwenden
- als Original nur Anschreiben, Lebenslauf und ggf. eine Handschriftenprobe schicken

DER AUFBAU IHRER BEWERBUNGSMAPPE

Wie Sie Ihre Bewerbungsmappe aufbauen, ist auch eine Frage des persönlichen Stils. Die besten Möglichkeiten stellen wir Ihnen hier vor. Entscheiden Sie selbst, welche Präsentationsform Sie bevorzugen. Sollen die Bewerbungsunterlagen ein Deckblatt haben? Möchten Sie dort schon Ihr Foto zeigen? Wie wird Ihre erste Seite gestaltet sein? Wie viele Seiten brauchen Sie für Ihren Lebenslauf? Wollen Sie eine Dritte Seite entwickeln? Lohnt es sich, ein Anlagenverzeichnis beizuheften? Es hilft, wenn Sie sich Ihr Vorhaben durch eine kleine Zeichnung vor Augen führen. Unsere Beispiele zeigen, welche Möglichkeiten Sie haben.

 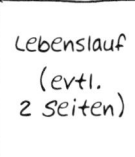 

Kommentar

So kennen Sie es: das Anschreiben auf einer Seite, gefolgt von ein oder zwei Seiten Lebenslauf. Danach im Anschluss: die Anlagen (Zeugnisse etc., die wir in unserem Buch aus Platzgründen immer weggelassen haben). Aber auch jede andere Abfolge ist leicht vorstellbar, und diese Form der Skizzierung hilft, sich darüber klar zu werden, was besser für Ihre Selbstdarstellung sein könnte.

  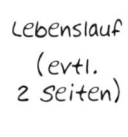  

Kommentar

Eine andere Variante: Nach dem Anschreiben folgt ein Deckblatt, dann der ein- oder zweiseitige Lebenslauf und eine Anlagenübersicht. Dahinter die üblichen Zeugniskopien. Es fällt Ihnen leichter, sich für oder gegen die eine oder andere Seitenabfolge zu entscheiden, wenn Sie konkrete Gestaltungsmöglichkeiten sehen und vergleichen können. Betrachten Sie auch den nächsten Vorschlag als Anregung.

  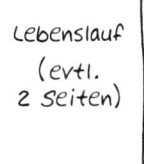   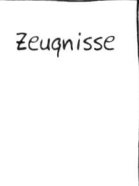

Kommentar

Hier haben wir nach dem Anschreiben das Deckblatt, ein bis zwei Lebenslaufseiten, die Dritte Seite, eine Anlagenübersicht und die üblichen Zeugnisse. Wie umfangreich Ihre Bewerbungsunterlagen werden, bestimmen Sie. Ob relativ dünn mit nur zwei bis drei Seiten (plus Anlagen) oder ausführlich mit sechs bis sieben Seiten (vom Anschreiben über das Deckblatt und die ausführliche Selbstdarstellung bis hin zum Anlagenverzeichnis mit weiteren zehn Dokumenten) – alles ist erlaubt, wenn es sinnvoll ist. Dies zu entscheiden ist zunächst Ihre Aufgabe. Schauen Sie, was Sie anzubieten haben, und machen Sie sich selbst Skizzen. Oder betrachten Sie die in diesem Buch gezeigten Beispielbewerbungen noch einmal und achten Sie dabei speziell auf den Aufbau. Die Entscheidung fällt so leichter.

ANLAGEN

Als Beleg für Ihre Berufserfahrungen sowie berufliche Aus- und Fortbildungen legen Sie qualitativ hochwertige, einseitige Kopien Ihrer Arbeitszeugnisse und Zertifikate etwa der letzten zehn bis zwanzig Jahre bei. Diese Kopien müssen Sie nicht beglaubigen lassen – es sei denn, Ihr potenzieller Arbeitgeber bittet Sie ausdrücklich darum. Ihr neuestes Zeugnis sollte auf alle Fälle dabei sein, auch wenn es nicht so positiv ausgefallen ist, wie Sie es sich gewünscht hätten, außerdem Zertifikate über längere Fortbildungen. Bei einer großen Zahl infrage kommender Unterlagen können Sie eine Auswahl treffen, die zur angestrebten Stelle passt. Schul- und Ausbildungszeugnisse interessieren nur bei Bewerbern, die noch über wenig oder keine Praxis verfügen.

Es ist nicht mehr üblich, die Anlagen in Plastikhüllen zu stecken, auch wenn dadurch die Chance auf die Wiederverwendung für andere Bewerbungen sinkt. Ordnen Sie Ihre Anlagen beispielsweise wie im Lebenslauf, also vom Neueren zum Älteren oder umgekehrt. Günstiger ist es jedoch, auch hier nach Arbeits- und Prüfungszeugnissen und Zertifikaten zu unterscheiden, jeweils chronologisch sortiert.

Berücksichtigen Sie folgende Zeugnistypen und andere Dokumente:

- Schulabschlusszeugnis
- ggf. Ausbildungsabschlusszeugnis
- ggf. Hochschulzeugnis/Diplom
- ggf. aussagekräftige Praktikumsnachweise
- ggf. Arbeitszeugnisse
- besondere Zertifikate über Fort- und Weiterbildungen
- evtl. Referenzen, falls Sie sich als freier Mitarbeiter im Berufsleben verdient gemacht oder jemanden (Kunden, Ausbilder etc.) so beeindruckt haben, dass er Ihnen ein Empfehlungsschreiben anbietet.

MERKBLOCK

Ein Anlagenverzeichnis als Extraseite nach Ihrem beruflichen Werdegang **spricht für Sie und Ihren Arbeitsstil**, insbesondere dann, wenn Sie mehr als nur drei oder vier Anlagen anzubieten haben.

VERPACKUNG

Anschreiben und Lebenslauf mit Foto sowie Anlagen gehören zu den notwendigen Bestandteilen einer Bewerbung. Wie Sie diese Unterlagen nun präsentieren, lässt einige Variationsmöglichkeiten zu. Ob Sie eine Mappe verwenden, hängt von der Position und Aufgabe, um die Sie sich bewerben, und der Anzahl Ihrer Unterlagen ab. Bei der

Bewerbung als Sekretärin oder Verkäuferin hat das ordentliche Abheften der Unterlagen in einer Mappe sicher eine größere Bedeutung als bei einer handwerklichen Stelle. Lebenslauf und Anlagen sollten zumindest so verbunden werden, dass sie nicht auseinander fallen. Das Anschreiben wird immer einzeln obenauf gelegt und nicht in die Mappe geheftet. Falls Sie eine Mappe kaufen, verzichten Sie lieber auf mehrfach geklappte Exemplare mit dem Aufdruck »Bewerbung«, die etwas übertrieben wirken können und doch mittlerweile weit verbreitet sind. Leider machen Schnellhefter und Plastikmappen mit durchsichtigem Deckblatt oft einen billigen Eindruck. Empfehlenswerter sind dezente Pappmappen mit Klemmvorrichtung oder individuell erstellte Mappen mit Deckblatt/Folie oder einer von Ihnen gestalteten Pappe sowie einer stabilen Papp-Rückseite, alles zusammengehalten von einer Klemmschiene. Achten Sie auch auf die Farbwahl, die zur angestrebten Stelle und Ihrer Persönlichkeit passen sollte, und seien Sie zurückhaltend mit grellen Farben. Und zum guten Schluss: Verwenden Sie einen festen, dezent-farbigen Umschlag (besser weiß) für Ihre Mappe und sorgen Sie für ausreichend Porto.

LERNTEST

1. Lerntest: Ihr Wissensstand über die Gestaltung des Lebenslaufs
(Achtung! Es können mehrere Antworten richtig sein.)

Was sind typische und deswegen auch sehr häufige Fehler, die bei der schriftlichen Darstellung des beruflichen Werdegangs gemacht werden?

a) mangelnde Vorbereitung
b) diffuse bis keine Werbe-Botschaft(en)
c) wenig überzeugende Argumente in Kompetenz, Leistungsmotivation und Persönlichkeit
d) kein wirklich sympathisches Foto
e) Unterschrift am Ende des Lebenslaufes vergessen
f) keine Angaben zu Engagement, Interessen, Hobbys
g) jede Menge dummer Form- und Rechtschreibfehler

Die richtige Lösung finden Sie im nächsten Lerntest auf Seite 14.

E-MAIL-BEWERBUNG

Die E-Mail-Bewerbung leidet unter einem schlechten Ruf. Seit langem klagen Personalabteilungen über die Flut unzulänglicher Bewerbungen auf dem elektronischen Postweg.

Dafür gibt es mehrere Gründe. Bewerber schicken ihre E-Mails oft wahllos an diverse Adressen, sie berufen sich nicht auf spezielle Inserate und lassen oft jegliche Formalität außer Acht. Schlimmstenfalls schickt der Bewerber auch noch mit Viren verseuchte Dokumente oder riesige Dateianhänge, die das komplette System des Adressaten lahm legen und sich letztendlich überhaupt nicht öffnen lassen.

Erfolgreich ist Ihre E-Mail-Bewerbung nur dann, wenn Sie einige Grundregeln beherzigen:

- Sprechen Sie den Verantwortlichen stets namentlich direkt an.
- Kennen Sie Ihren Ansprechpartner nicht, bleibt nur der Griff zum Telefon.
- Serienmails sind (wie Serienbriefe auch) als Bewerbung völlig ungeeignet.
- Formulieren Sie stets individuell.
- Beziehen Sie sich möglichst auf das entsprechende Stellenangebot.
- Selbstverständlich gelten auch online die üblichen Höflichkeitsformen
- und die deutsche Rechtschreibung.
- Im Anschreiben sollten Sie sich mit Formatierungen (fett, kursiv, bunte Hintergründe) zurückhalten. Fügen Sie das Anschreiben nicht als Anhang hinzu, schreiben Sie direkt in die E-Mail. Bedenken Sie: Nicht selten ist das E-Mail-Programm des Empfängers so konfiguriert, dass es Ihre Nachrichten gar nicht in dem Format öffnen kann, in dem Sie es abgesendet haben.
- Schwarz auf weiß (ggf. auch dunkelblau als Schriftfarbe) kommt immer besser an als poppige Farben und Formatierungen.
- Auch den Kurz-Lebenslauf sollten Sie besser direkt in die E-Mail schreiben. Dies erspart dem Leser einen zweiten Klick auf eine angehängte Datei – und damit Zeit.
- Über 70 Prozent der Personaler handhaben E-Mail-Bewerbungen wie eine schriftliche Bewerbung. Das heißt im Klartext: Ihr Adressat druckt Ihre E-Mail-Bewerbung aus und legt sie zum Stapel der bereits per Post eingetroffenen Bewerbungsmappen. Deshalb ist ein gut formatierter Lebenslauf Pflicht.
- Verschicken Sie diesen ggf. als Anhang, wenn Sie nicht die Kurzform im E-Mail-Text unterbringen.

- Jedoch: Wählen Sie das Datei-Format sorgfältig aus. Mit Word erzeugte doc-Dateien sind zwar den meisten PC-Benutzern vertraut, haben aber zwei Nachteile. Zum einen bleiben Layout und Formatierung bei der Datenübertragung häufig nicht erhalten. Zum anderen sind diese Dateien anfällig für so genannte Makroviren. Garantiert virenfrei sind rtf-Dateien, die auch Formatierungen beibehalten. Wählen Sie dazu in Ihrer Textverarbeitung, z. B. in Word, unter »speichern unter« die Option ».rtf«.
- Testen Sie, wie Ihre E-Mail ankommt. Richten Sie sich eine zweite E-Mail-Adresse ein und schicken Sie vorab eine Testbewerbung einfach an sich selbst (oder an einen Freund).

Eine professionelle Alternative bieten sogenannte PDF-Dateien (Portable Document Format) der Software-Firma Adobe. Adobe PDF ist ein Dateiformat, das alle Schriften, Formatierungen, Farben und Grafiken Ihres Dokuments erhält. Im Geschäftsleben gehört die Software inzwischen zum Standard. Ihr besonderer Vorteil: Bittet Ihr Ansprechpartner ausdrücklich um Foto, Zeugnisse und andere Anlagen, können Sie die gescannten Dokumente ebenfalls als PDF-Dateien versenden. Probleme beim Öffnen der mehr oder minder großen Anhänge in unterschiedlichen Grafik-Programmen vermeiden Sie auf diese Weise.

Und vergessen Sie nicht, sich eine seriöse E-Mail-Adresse einzurichten! blondangel@hotmail.com verrät zwar einiges über Ihre (Wunsch-)Haarfarbe, wirkt aber auf den Personalchef nicht unbedingt seriös.

Faustregel: Verlangt das Stellenangebot nicht ausdrücklich die vollständigen Unterlagen, sind E-Mail-Bewerbungen in aller Regel Kurzbewerbungen. Ein ansprechendes Anschreiben und ein gut gestalteter Lebenslauf reichen als Erstkontakt aus. Anstatt den Adressaten mit einer unübersichtlichen Fülle von Dokumenten und Anhängen zu überhäufen, konzentrieren Sie sich besser auf das Wesentliche und bieten an, die entsprechenden Unterlagen in Form einer schriftlichen Bewerbung nachzureichen. Sind komplette Unterlagen gewünscht, bitte nicht jedes Zeugnis als extra Dokument versenden, sondern alle Anlagen als eine Gesamtdatei!

Tipp: In jedem Copyshop können Sie sich Ihre Unterlagen einscannen lassen.

Lücken und Probleme im Lebenslauf und wie man sie behebt

Neben allen (objektiven und subjektiven) Schwierigkeiten bei der Erstellung der schriftlichen Bewerbungsunterlagen: Die meisten Fehler werden gemacht, weil Bewerber nicht wissen, worauf es wirklich ankommt.

Das sind die entscheidenden Weichensteller:

- Ihr **Können** (Ihre beruflichen, fachlichen Fähigkeiten und Erfahrungen),
- Ihre **Leistungsbereitschaft** (Ihr Wille, etwas Besonderes zu leisten) und
- Ihre **Persönlichkeit** (Ihre Wesensart).

Das bedeutet, dass der Empfänger Ihrer Unterlagen und Auswähler Folgendes prüft:

1. Verfügen Sie als Bewerber über die erforderlichen generellen und fachlichen Qualifikationsmerkmale?
2. Was sind Ihre Motive für Arbeitsplatz- und Aufgabenwahl und sind Sie bereit, Außerordentliches zur Verwirklichung von Unternehmenszielen zu leisten?
3. Mobilisieren Sie Sympathiegefühle und passen Sie zum Team, zum Unternehmen?

Hauptziel Ihres schriftlichen Bewerbungsvorhabens sollte es sein, diese Fragen bzw. Kriterien in Ihrem Sinne für sich positiv zu entscheiden.

LERNTEST

2. Lerntest: Ihr Wissensstand über die Gestaltung des Lebenslaufs
(Achtung! Es können mehrere Antworten richtig sein.)

Worauf kommt es bei der Lebenslaufgestaltung besonders an?

Dass sie …
a) möglichst ausführlich ist
b) nicht allzu umfangreich ist
c) möglichst einen konkreten Empfänger anspricht
d) eine klare Botschaft vermittelt
e) den Wunsch entstehen lässt, Sie kennenlernen zu wollen

Die richtige Lösung finden Sie auf Seite 64.

Lösung 1. Lerntest: Alle Antworten sind richtig!

ERSTE HILFE: DAS TUNING- UND REPAIR-KIT-PROGRAMM

Fast jeder Bewerber stößt beim Verfassen des Lebenslaufs auf Schwierigkeiten. Er oder sie entdeckt »Makel« in Form von Lücken (Zeitabschnitt(e) ohne Berufstätigkeit) oder nachteiligen Umständen in seinem/ihrem beruflichen Werdegang, die Personalchefs stutzig machen (so genannte Probleme). Da Personalauswähler den Lebenslauf in der Regel zuerst lesen, werden bei dieser Gelegenheit die »verdächtigen« oder »problematischen« Bewerbungen aussortiert. Damit Sie diese Hürde nehmen, sollten Sie als Bewerber einen Lebenslauf vorlegen, der ein erfolgreich verlaufenes Berufsleben ohne Lücken und Probleme dokumentiert.

Schöner Vorschlag, denken Sie jetzt vielleicht, nur ist das leider bei meinem beruflichen Werdegang nicht möglich. Sie werden staunen: Es ist oft leichter, als Sie denken, und Sie brauchen dabei nicht unbedingt die Unwahrheit schreiben! Wir helfen Ihnen.

Es gibt zweierlei negative Faktoren, die in einem Lebenslauf besser nicht vorkommen sollten. Zu unterscheiden sind:

- »**Lücken**«: Zeiten, in denen der Bewerber keine berufliche Tätigkeit nachweisen kann. Von einer kleineren Lücke spricht man ab ca. drei Monaten, ab etwa sechs Monaten von einer deutlich größeren.
- »**Probleme**«: Der Bewerber hat zwar mehr oder weniger durchgehend gearbeitet, sein beruflicher Werdegang weckt beim Leser aber nachteilige Assoziationen. Ein Beispiel dafür ist das häufige Wechseln des Arbeitsplatzes.

Lücken und Probleme im Überblick

Wir haben in der folgenden Tabelle die häufigsten Arten von »Lücken« und »Problemen« im Lebenslauf systematisch dargestellt und dabei berücksichtigt, welche Gedanken im Kopf eines Auswählers bezogen auf Ihre berufliche Kompetenz, Leistungsmotivation und Wesensart entstehen können. Dort finden Sie auch die wichtigsten Tipps zur ersten Hilfe.

»LÜCKEN« im Lebenslauf: Zeiten ohne Berufstätigkeit	Vermutete Auswirkungen/Rückschlüsse auf			TIPPS zum Füllen der Lücke
	Fachkompetenz	Leistungsmotivation	Persönlichkeit	
Arbeitslosigkeit: unter 1 J.	nicht ganz auf aktuellem Stand	wenig erfolgsorientiert	wenig ehrgeizig	*berufliche Orientierung + Fortbildung, Auslandsaufenthalt*
Arbeitslosigkeit: ab etwa 1 J.	starker Kompetenzverlust, v. a. technisches Know-how, IT etc.	wenig Initiative, Arbeitswille fraglich	bequem; geringes Selbstvertrauen, Versorgungsmentalität	*selbständige Tätigkeit, Fortbildung, Pflege Angehöriger, Ehrenamt, Auslandsaufenthalt*
Kindererziehungspause: Frauen, bis zu 1 J.	nicht ganz auf aktuellem Stand	bedingt zielstrebig	fürsorglich, verantwortungsvoll; traditionell	*Erziehungsjahr sowie: Fortbildungen, Kontakt zu Kollegen*
Kindererziehungspause: Frauen, über 1 J.	starker Kompetenzverlust, v. a. technisches Know-how, IT	wenig zielstrebig, Familie wichtiger als Beruf	übertriebene Rücksicht; traditionell, überbehütend	*Familienmanagement sowie: Fortbildungen, Ehrenamt, selbständige Tätigkeiten*
Kindererziehungspause: Männer, Erziehungsjahr	nicht ganz auf aktuellem Stand; Zunahme der sozialen Kompetenz	Risiko für Karriere, Chance der beruflichen Regeneration	ordnet sich Frau unter; Mut zum Abweichen von der Ernährerrolle	*Erziehungsjahr sowie: Fortbildungen, Kontakt zu Kollegen*
Krankheit: über 3 M.	nicht ganz auf aktuellem Stand	Neigung zu beruflichem Desinteresse	ungesunde Lebensweise, fehlende Life-Work-Balance	*Fortbildung (auch im Selbststudium), freiberufliche Tätigkeiten, berufliche Neuorientierung*

»LÜCKEN« im Lebenslauf: Zeiten ohne Berufstätigkeit	Vermutete Auswirkungen/Rückschlüsse auf			TIPPS zum Füllen der Lücke
	Fachkompetenz	Leistungsmotivation	Persönlichkeit	
Drogenabhängigkeit, Alkoholabhängigkeit: Therapie über 3 M.	Kompetenzverlust, physischer und psychischer Abbau	kann rückfällig werden, evtl. nicht zuverlässig, potenzielles Sicherheitsrisiko	instabil, sehr abhängig von äußeren Umständen	*Aus- und Weiterbildung (sofern nicht in Therapieeinrichtung), selbständige Tätigkeit*
Freistellung von der Arbeit wegen Betriebsratstätigkeit: über 1 J.	Kompetenzverlust im fachlichen Bereich; Qualifizierung in Personalwesen und Recht (positiv)	politisches Engagement wichtiger als Fachaufgabe	engagiert, aufmüpfig gegenüber Arbeitgeber, sieht alles überkritisch	*Koordinations-/ Konzeptionsaufgaben (wenn Arbeitszeugnis schon vorliegt: muss passen!); in Freizeit ergänzend: Ehrenamt, politisches Engagement etc.*
Auslandsaufenthalt privat: 3–12 M.	nicht ganz auf aktuellem Stand; verbesserte Sprachkenntnisse	weltoffen, pragmatisch, nicht karriereorientiert	flexibel, neugierig, selbständig, lustbetont	*ergänzen: Sprachkurse, interkulturelle Praxis, Praktika oder Jobs*
Auslandsaufenthalt beruflich: ab 1 J.	gewisse Distanz zum deutschen Arbeitsalltag; hervorragende Sprachkenntnisse	weltoffen, initiativ, pragmatisch, vital, stresstolerant	risikobereit, flexibel, kommunikativ, selbständig	*ergänzen: interkulturelle Praxis, Kontaktpflege mit deutschen Kollegen/ Chef*
Wehr-/Zivildienst	nicht ganz auf aktuellem Stand; Qualifizierung in spezifischen Bereichen	teamfähig, integrationsfähig, frusttolerant	belastbar, Durchhaltevermögen	*ergänzen: bedeutende persönliche Erfahrungen*
Zeitsoldat	starker Kompetenzverlust; Qualifizierung in Führungskompetenz	teamfähig, Entscheidungskompetenz	belastbar, durchsetzungsfähig, Selbstmotivation	*ergänzen: bedeutende persönliche Erfahrungen, Fortbildungen z. B. zu Führung und Strategie*
Gefängnisaufenthalt: über 6 M.	Kompetenzverlust	wenig beständig und pflichtbewusst, nicht zielorientiert	moralisch labil, gewaltbereit, unberechenbar	*Aus- und Fortbildung, selbständige Tätigkeiten, Auslandsaufenthalt, Pflege Angehöriger*
Private Auszeit über 6 M.: Aussteigen/ Erholung/ Liebe oder dramatische Trennung und Umzug	Kompetenzverlust	nicht karriereorientiert, Privatleben wichtiger als Beruf	sensibel, nicht belastbar	*ergänzen: persönliche Neuorientierung, Überwindung von Schicksalsschlägen*
Private Auszeit über 6 M.: Pflege von Angehörigen, Betreuung schwieriger Kinder, soziales Engagement, Ehrenamt	Kompetenzverlust; Qualifizierung in spezifischen Bereichen	nicht karriereorientiert, pflichtbewusst gegenüber Familie und Gesellschaft	verantwortungsbewusst, belastbar, Selbstmotivation	*ergänzen: Psycho-Trainings, Initiative und Organisation von Interessengruppen, Umgang mit Behörden*
Private Auszeit über 6 M.: Ausbildung/ Umschulung und/oder berufliche Neuorientierung	Kompetenzverlust; Qualifizierung in neuen Bereichen	pragmatisch (vorher nicht erfolgreich)	flexibel, Selbstmotivation, Durchhaltevermögen	*ergänzen: Praktika, Urlaubsvertretungen, Jobs, Engagement*
»LÜCKEN« im Lebenslauf: Zeiten ohne Berufstätigkeit	Fachkompetenz	Leistungsmotivation	Persönlichkeit	TIPPS zum Füllen der Lücke

»PROBLEME«: Berufliche Positionen entsprechen nicht dem Idealbild	Vermutete Auswirkungen/Rückschlüsse auf			TIPPS zum Kaschieren des »Problems« / Umbenennen
	Fachkompetenz	Leistungsmotivation	Persönlichkeit	
Sehr kurze Verweildauer: unter 2 J. bei jungen, unter 4 J. bei älteren Bewerbern	keine vertieften Kenntnisse; kurze Einarbeitungszeit	geringes Durchhaltevermögen, nicht karriereorientiert	mangelnde Beständigkeit, lustbetont; flexibel	*mehrere Tätigkeiten unter einem Begriff zusammenfassen*
Sehr lange Verweildauer: über 5 oder 6 J. bei jungen, über 10 J. bei älteren Bewerbern	Spezialkenntnisse, jedoch nicht mehr ganz aktuell	richtet sich in Stelle ein, scheut Herausforderungen; will in gleicher Firma Karriere machen	unflexibel, bequem, routineorientiert; geht langfristige Bindungen ein	*Tätigkeiten untergliedern, Spezialaufgaben und Erfolge betonen*
Bewerbungsanlagen: fehlende oder schlechte Arbeitszeugnisse	mangelnder Erfolg, Unfähigkeit	zu geringes Engagement, nicht sehr motiviert, faul	unangenehmer Zeitgenosse, geringes Durchsetzungsvermögen, Angst vor Chef	*Zeugnis nachfordern, eigenen Entwurf einreichen, Inhalt mit Chef diskutieren, evtl. dagegen klagen*
Kündigung: Entlassung verhaltensbedingt oder fristlos	evtl. auch Kompetenzprobleme	evtl. schlechte Leistungen	unangenehm, unmoralisch, kriminell	*darf nicht im Zeugnis erwähnt werden; eigene Kündigung angeben*
Kündigung: in Probezeit (durch Arbeitgeber)	Kenntnisse reichen trotz Einarbeitung nicht aus	zu geringes Engagement	nicht integrationsfähig, Arbeitnehmer wurde schlecht ausgewählt	*darf nicht im Zeugnis erwähnt werden; eigene Kündigung angeben*
Kündigung: selbst, aber ohne Anschlussjob	evtl. Probleme	keine Motivation für diesen Job	nicht an Integration interessiert, allzu risikobereit; mutig, flexibel	*Unterforderung durch Job, Kreativität wurde unterdrückt, Fähigkeiten nicht genutzt; Kopf frei für Neuorientierung*
Zu jung (je nach Job, unter 20–30 J.), zu großer Karriereschritt	zu wenig Erfahrung im Umgang mit schwierigen Situationen, zu wenig Kenntnisse	zu freizeitorientiert, abgelenkt durch Privates, Freunde etc.; bei Frauen: bald schwanger	zu wenig verantwortungsbewusst, unzuverlässig, unhöflich, unstet; entwicklungsfähig	*Praktika, Jobs und sinnvolle Hobbys (Musik, Sport, Gruppenbetreuung) sowie Pflichten (Babysitten) erwähnen*
Zu alt (je nach Job, über 35–48 J.)	nicht mehr auf neuestem technischen Stand	will ruhige Kugel bis zur Rente schieben oder: übereifrig	nicht mehr formbar, nicht integrationsfähig, zu selbstbewusst	*keine Betonung des Alters! Sportliche Hobbys und aktive Engagements erwähnen*
Über den Qualifikationsanforderungen	sehr gute, aber nicht die richtigen Kenntnisse	größeres Interesse an höherwertigen als den eigenen Aufgaben; immer auf dem Sprung zu besseren Stellen	gelangweilt, überheblich, Versager im eigenen Feld, schwach entwickeltes Selbstbewusstsein	*höherwertige Qualifikationen verkürzt darstellen, Praxis in passenden Positionen herausstellen; überzeugende Argumente (auch private) für diese Stelle anführen*
Vorher im gleichen Feld selbständig gewesen	unabhängig; evtl. ohne Erfolg, glücklos	hoch, sofern selbstgesteuert, ansonsten schnell frustriert	zu autark, kann sich nicht unterordnen, nicht teamfähig	*Selbständigkeit als Angestelltenverhältnis darstellen, abhängige Tätigkeiten betonen; selbständige Kompetenzen betonen*

»PROBLEME«: Berufliche Positionen entsprechen nicht dem Idealbild	Vermutete Auswirkungen/Rückschlüsse auf			TIPPS zum Kaschieren des »Problems« / Umbenennen
	Fachkompetenz	Leistungsmotivation	Persönlichkeit	
Kein roter Faden erkennbar	keine vertieften Kenntnisse in einem Gebiet	nicht sehr motiviert oder karriereorientiert	ziellos, unausgeglichen, unsicher	Tätigkeiten umformulieren und nach Branchen sortieren, nicht zeitlich
Zu lange Studienzeit (über 15 Semester)	evtl. langsamer Arbeiter	nicht sehr hoch; bei Verzögerung durch Jobben: sehr hoch	nicht stringent, hält sich mit Details auf, lässt sich ablenken; bei Verzögerung durch Jobben: sehr motiviert	Praktika, Schwerpunkte und Projekte betonen; bei Verzögerung durch Jobben: diese herausstellen
Ausbildungs- oder Studienabbruch oder Wechsel der Richtung	unabhängig	nicht zuverlässig vorhanden, da durch Launen beeinflusst; kann aber auch hoch sein	wenig Durchhaltevermögen, pragmatisch, flexibel	Abbruch nicht erwähnen; geeignete Fortbildungen, Praktika, Jobs und Hobbys betonen

WAS PERSONALENTSCHEIDER HINTER LÜCKEN UND PROBLEMEN IN IHREM LEBENSLAUF VERMUTEN

Generell lässt sich sagen: Arbeitsplatzanbieter wünschen sich möglichst einen **lückenlosen** Nachweis Ihrer Berufstätigkeit, die natürlich **problemlos** verlaufen sein sollte. Dieser Darstellung möchte man idealtypisch einen stetigen Aufstieg, also eine Zunahme des Verantwortungsbereichs mit gelegentlichem Wechsel des Arbeitgebers entnehmen. Zu häufiges Wechseln, insbesondere bei reiferen (älteren) Bewerbern, wirkt ebenso verdächtig wie zu langes Verharren in der gleichen Position beim gleichen Arbeitgeber. Auch ein sehr langes Studium, ein Abbruch oder ein Wechsel der Ausrichtung fördern nicht gerade Ihre Einstellungschancen. Wenn Sie für einen etwas längeren Zeitraum keine Berufstätigkeit im Lebenslauf angeben, fallen Personalern schnell Erklärungen ein wie: Arbeitslosigkeit, (Geistes-)Krankheit, Drogenentzug oder vielleicht sogar eine Freiheitsstrafe.

Aber: **Lücke ist nicht gleich Lücke**. Nicht jede Auszeit hat einen negativen Beigeschmack. Und in einem solchen Fall muss sie auch nicht »übertüncht« werden, wie z. B. Erziehungs- und Pflegezeiten oder Weltreisen. Auch eine private Auszeit zur beruflichen Orientierung kann durchaus Erwähnung und Anklang finden. Längere »Lücken«, wie mehrere Jahre in der Bundeswehr, lassen sich ohnehin nicht verschweigen und sind sehr positiv darstellbar.

Bestimmte Zeitabschnitte im Berufsleben gehen niemanden etwas an. Es sind genau die Themen, nach denen im Bewerbungsgespräch nicht gefragt werden darf, beispielsweise Krankheiten (auch Suchterkrankungen), Schwangerschaft, Freistellung wegen Betriebsratstätigkeit und Freiheitsstrafen. (Achtung: Der Arbeitgeber darf Kandidaten nach Vorstrafen fragen, sofern die Art des Vergehens für die zu besetzende Stelle relevant ist: BAG 5, 159, 163 = AP Nr. 2 zu § 123 BGB; zitiert nach www.hensche. de, 28. 04. 2011). Ihre Erklärungen sollten überzeugen und möglichst nicht widerlegbar sein. Die **einfachsten Lösungen** zur Vertuschung von Lücken:

- Zeitspannen mit Jahreszahlen angeben
- mehrere Zeitabschnitte unter einer Überschrift zusammenfassen. So lässt sich der chronologische Ablauf schwerer nachvollziehen und die einzelnen Kategorien bilden ein Erklärungsmuster.

FEHLER

Die häufigsten Fehler beim Erstellen eines Lebenslaufs

- Mangelndes Bewusstsein darüber, worauf es jetzt wirklich ankommt
- Die eigenen Potenziale weder klar zu kennen, noch gezielt benennen oder vermitteln zu können
- Keine persönliche Botschaft für den Empfänger durchdacht und aufbereitet zu haben
- Keine oder mangelhafte Vorbereitung/Recherche über den Empfänger
- Kein Bewusstsein zu haben, wie wichtig das Foto ist
- Sich keine Gedanken darüber zu machen, wie man Zeiten der Arbeitslosigkeit oder andere Probleme vorteilhafter präsentieren könnte
- Hobbys, Interessen und Engagements überhaupt nicht oder unüberlegt zu präsentieren
- Am Ende vergessen zu unterschreiben

Bei **Problemen**, die Personalauswähler aus Ihrem beruflichen Werdegang ableiten, ist es durchaus subjektiv, wie gravierend das »Handicap« in den Augen des Beurteilers erscheint. Dieser mag beispielsweise die Verweildauer an einem Arbeitsplatz auffällig kurz oder aber noch okay finden, den Weggang von einem Unternehmen als eine arbeitgeberseitige Kündigung interpretieren, eventuell nicht den »roten Faden« erkennen können oder alles für ziemlich unzusammenhängend und eher zufällig als wohl geplant halten. Das Entscheidende ist: Gibt es etwas in Ihrem Lebenslauf, das Ihnen als Problem ausgelegt werden könnte, müssen Sie sich vorbereiten und wissen, wie Sie die Argumente der Gegenseite entkräften oder wenigstens abmildern können. Noch besser ist es jedoch, wenn beim Leser Ihrer Bewerbungsunterlagen erst gar kein problematischer Eindruck entsteht.

Die wichtigsten und häufigsten Fälle: Beispiele und Lösungsvorschläge

Vielleicht ist Ihnen bereits das eine oder andere Problem bewusst geworden, das Sie nun auf möglichst elegante Weise in Ihrem beruflichen Werdegang umgestalten möchten. Eventuell haben Sie sogar einen problematischen Umstand oder eine zeitliche Lücke bisher übersehen. Auf den folgenden Seiten finden Sie zahlreiche Beispiele aus unserer Beratungspraxis, die Ihnen dabei helfen, den optimalen Lebenslauf anzufertigen. Es geht um die folgenden vier Lücken- und Problemthemenblöcke:

Arbeitslosigkeit: Es gibt viele Gründe, warum sich jemand aus der Arbeitslosigkeit heraus auf eine Stelle oder initiativ bewirbt. Die Dauer dieses unbefriedigenden und auch mental schwierigen Zustands kann von wenigen Wochen bis zu einigen Jahren reichen. In jedem Fall ist es besser, wenn Sie Ihren potenziellen Arbeitgeber nicht sofort mit dieser Tatsache konfrontieren und eher auf die erfolgreicheren Zeiten in Ihrem Berufsleben hinweisen. Die Beispiele ab Seite 20 zeigen, wie das funktioniert.

Zu viele oder zu wenige Wechsel, kein roter Faden: Manche Menschen brauchen eine Weile, bis sie für sich den richtigen Arbeitsplatz oder die geeignete Branche gefunden haben. Oft hängt es auch nicht nur von ihnen ab, ob ein Arbeitsverhältnis von Dauer ist. Wird »so einer« es lange bei einem Unternehmen aushalten, wird er zuverlässig arbeiten? Oder ist der Bewerber im Gegenteil schon sehr lange bei einer Firma und hat relativ wenig gewechselt – ist er nicht vielleicht zu eingefahren

Bei Ihrem Lebenslauf **geht es nicht um den Verlauf Ihres Lebens, sondern um Ihren beruflichen Werdegang.** Beschreiben Sie die letzten zwei, drei Arbeitsplätze und Aufgaben deutlich ausführlicher als die, die viele Jahre zurückliegen. Dabei geht es immer auch darum, was Sie geleistet haben! Insbesondere Ihre Hobbys, Interessen, Engagements **sagen etwas über Sie als Mensch aus.** Ihre Persönlichkeit ist einer der wichtigsten Weichensteller bei Ihrem Bewerbungsvorhaben.

und unflexibel? Oder fehlt in der beruflichen Biografie der Bewerberin nicht doch eine verbindende Linie, wieso sollte sie gerade auf der neu zu besetzenden Position richtig angekommen sein? Wir zeigen Ihnen, wie Sie diese möglichen Einwände durch Ihre schriftlichen Unterlagen entkräften (ab S. 44).

Wiedereinstieg nach einer Auszeit: Kaum jemand arbeitet zwischen Schul- bzw. Studienabschluss und dem Einreichen der Papiere für die Rente durchgängig ohne jede zeitliche Lücke. Wie das Leben so spielt – es werden Kinder geboren, die man/frau versorgen möchte, es kommt zu privaten und beruflichen Krisen, die ein Arbeiten unmöglich machen, eine schwere Krankheit fordert ihren Tribut oder es gab schlicht und einfach Zeiten der Arbeitslosigkeit. Diese Lücken müssen dem potenziellen neuen Arbeitgeber einleuchtend erklärt werden, ohne dass er zu viel Einblick in Ihr Leben bekommt. Unsere Beispiele ab Seite 70 zeigen, wie das geht.

Klassische Gegenargumente: Eigentlich sind Sie ja ein geeigneter Bewerber für die Stelle, wenn Sie nicht ein wenig zu jung oder zu alt, zu unerfahren oder gar überqualifiziert und damit eventuell zu »teuer« wären … Manchmal scheitert eine Bewerbung schon zu einem recht frühen Zeitpunkt, weil der Personalentscheider seine Vorbehalte einfach nicht überwinden kann. Ab Seite 108 sehen Sie, wie Sie diesen mit einer geschickten Art der Selbstdarstellung entgegentreten können.

In den einzelnen Themenblöcken stellen wir die Probleme kurz vor, umreißen eine grundsätzliche Strategie (»Was hilft?«) und machen Sie dann mit den Bewerbern und deren individueller Situation bekannt. Die schriftlichen Unterlagen werden – mit Fokus auf den beruflichen Werdegang – vorgestellt und anschließend Schritt für Schritt kommentiert. Häufig können Sie die erste mit der überarbeiteten zweiten Version vergleichen.

ARBEITSLOSIGKEIT

OHNE ARBEIT, ABER NICHT OHNE AUFGABEN UND ERFAHRUNGEN

Obwohl Arbeitslosigkeit inzwischen kein seltenes Phänomen mehr ist, weckt dieser Zustand leider immer noch bei (zu) vielen Personalentscheidern negative Assoziationen, als wäre er ein Zeichen für einen Mangel an Leistungsfähigkeit, Zielstrebigkeit, Flexibilität oder gar auf einen schlechten Charakter zurückzuführen. Dass ein Großteil der Arbeitslosigkeit heutzutage konjunkturbedingt ist, also die Arbeitslosen unverschuldet trifft, scheint Personalchefs wenig zu kümmern. Frei nach dem Motto »einmal draußen, immer draußen« haben es Arbeitslose deutlich schwerer, wieder einzusteigen.

Neben den Empfängern von »Lohnersatzleistung« gibt es auch noch Arbeit suchende Menschen, die diese nicht beanspruchen können: Sie haben gerade ihre Ausbildung beendet und finden ohne fundierte Berufserfahrung nicht so leicht einen Job. Ohne Job gelten sie als arbeitslos und das verschlechtert ihre Aussichten noch mehr.

Was hilft?

Berufseinsteiger sollten sich unbedingt sinnvolle Tätigkeiten zur Überbrückung suchen und diese nachweislich ausüben. So verfügen auch sie über eine gewisse Berufspraxis. Beispiele dafür: Praktika, Hilfstätigkeiten, freiberufliche Arbeit und ehrenamtliches Engagement im Berufsfeld, ausgewählte Fortbildungen und Fremdsprachenanwendung. Wählen Sie Umschreibungen, die Sie alternativ zum »Unwort« Arbeitslosigkeit verwenden können (Bewerbungsphase, Orientierungszeit, Fortbildungsauszeit usw.). Beginnen Sie Ihren Lebenslauf mit den Zeiten, in denen er positiv/geradlinig verlief, also möglichst nicht mit der aktuellen Arbeitslosigkeit. Geben Sie Fachpraktika, besondere Kenntnisse und ehrenamtliche Tätigkeiten an.

Kommentierte Beispiele

Ivo Romanovic
(Bewerbungsunterlagen auf Seite 22 ff.)
Der Bewerber stammt aus dem ehemaligen Jugoslawien, hat jedoch inzwischen die deutsche Staatsbürgerschaft. Leider sind seine Deutschkenntnisse nicht wirklich gut. Nach dem Besuch der Realschule, die er nicht abschloss, ließ sich Herr Romanovic zum Heizungs- und Lüftungsbauer ausbilden. Er arbeitete als Monteur bei einer kleinen Firma, bis diese in Konkurs ging. Inzwischen ist er schon zwei Jahre arbeitslos, hilft jedoch zuweilen bei Nachbarn und Bekannten mit seinem handwerklichen Können aus (überwiegend »schwarz«). Er ist 31 Jahre alt und bewirbt sich als Handwerker bei einer Firma für Sanitär, Heizung, Gas und Wasser in Mannheim, die viele Aufgaben eines Hausmeisters für Wohnanlagen übernommen hat. Ivo Romanovic will seiner Familie finanzielle Sicherheit bieten und ist davon überzeugt, dass sein handwerkliches Geschick und sein umgängliches Wesen eine gute Grundlage für den Job bieten. Seine serbokroatischen Sprachkenntnisse und die Erfahrung im Umgang mit Landsleuten könnten für die Bewerbung wichtig sein. Außerdem kann man den Kandidaten als handwerkliches »Universalgenie« bezeichnen.

Herr Romanovic versucht es zunächst mit einer »selbst gestrickten« Bewerbung. Die 2. Version seiner Unterlagen zeigt, wie man auch aus der Arbeitslosigkeit heraus sich und die Begleitumstände viel besser und überzeugender darstellen kann.

Ich würde es immer wieder so tun

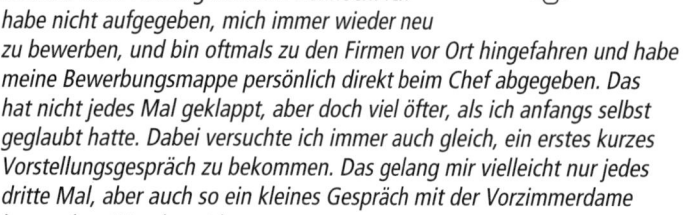

Zugegeben, mein beruflicher Werdegang ist alles andere als ideal. Aber was bedeutet das eigentlich? Immer wenn ich in meiner Arbeit eine echte Chance bekam – und das war aus heutiger Sicht gar nicht so selten –, konnte ich beweisen, was ich zu leisten vermag. Zugegeben, in der letzten Zeit war es ziemlich schwierig und so bin auch ich für über ein halbes Jahr ohne Arbeit geblieben. Dennoch: Ich habe nicht aufgegeben, mich immer wieder neu zu bewerben, und bin oftmals zu den Firmen vor Ort hingefahren und habe meine Bewerbungsmappe persönlich direkt beim Chef abgegeben. Das hat nicht jedes Mal geklappt, aber doch viel öfter, als ich anfangs selbst geglaubt hatte. Dabei versuchte ich immer auch gleich, ein erstes kurzes Vorstellungsgespräch zu bekommen. Das gelang mir vielleicht nur jedes dritte Mal, aber auch so ein kleines Gespräch mit der Vorzimmerdame kann schon Wunder wirken.

Jedenfalls weiß ich, dass nicht jeder Arbeitgeber nur auf die Unterlagen schaut, sondern sich selbst einen Eindruck im Gespräch verschaffen möchte. Nur bis dahin muss man erst mal gelangen. Und wegen meiner nicht ganz so perfekten Bewerbungsvita bin ich bestimmt oftmals gleich aussortiert worden. Den Tipp, die Bewerbung persönlich abzugeben, den habe ich aus einem Buch, und im Nachhinein bin ich von vielen Menschen in meiner Umgebung darin bestärkt worden. Das ist sicher kein Allheilmittel, aber mir hat es jedenfalls geholfen und das nicht nur einmal. Ich würde es immer wieder so tun …

So sah die Anzeige aus:

Rudolf Richertsen

(Bewerbungsunterlagen auf Seite 28 ff.)
Der gelernte Industriekaufmann, 41 Jahre alt, hat Berufserfahrung als Assistent der Geschäftsleitung und im Informationsmanagement in der Industriebranche gesammelt. Nach einer zweijährigen Ausbildung zum staatlich geprüften Dokumentar arbeitete er noch einige Jahre im früheren Arbeitsgebiet, verlor dann aber seine Anstellung. Zum Zeitpunkt seiner Bewerbung besucht er eine vom Arbeitsamt geförderte EDV-Weiterbildung.

Mara Hochheim

(Bewerbungsunterlagen auf Seite 37 ff.)
Schon kurz nach ihrer Ausbildung legt Frau Hochheim eine längere Unterbrechung (fünf Jahre) für die Kinderbetreuung ein und arbeitet danach Teilzeit. Nach ihrem ersten Arbeitslosenjahr, in dem sie sich unter anderem ihrer kranken Mutter widmet, nimmt sie an einer Fortbildung als Marketing- und Vertriebsassistentin teil. Die anschließende Beschäftigung in ihrem ehemaligen Praktikumsbetrieb kündigt der Arbeitgeber leider am Ende einer verlängerten Probezeit – sie schien ihren Aufgaben nicht gewachsen. Während dieser zweiten Arbeitslosigkeit von mittlerweile zehn Monaten engagiert sich Frau Hochheim ehrenamtlich im Sportverein für körperbehinderte Schwimmer.

Die Anzeige, auf die sie sich jetzt bewirbt, lautete:

Vorsicht! Schlechte 1. Version

Ivo Romanovic
Finkenweg 4, 76131 Karlsruhe, Tel. 07 21 / 6 77 34 48

Fa. Sinnig
Knüppeldamm 13
68301 Mannheim

Karlsruhe, den 18.2.11

Sehr geehrte Damen und Herren,

Ihre Anzeige in der Mannheimer Zeitung vom 10.2. interessiert mich sehr. Sie suchen einen jungen, erfahrenen Heizungs- und Lüftungsbauer. Ich bin 31 Jahre alt. Ich habe in 2 Sanitärfirmen gearbeitet, bis die letzte Pleite machte. Seitdem suche ich Arbeit, habe aber noch nichts gefunden. Daher helfe ich bei Reparaturen aus, wenn bei meinen Verwandten und Bekannten was kaputt geht. Sie nennen mich den Alleskönner, weil ich fast alles wieder ganz mache. Ich bin schnell, freundlich und auch bei den Kindern beliebt. Ich spreche Serbo-kroatisch und Deutsch. Es ist für mich kein Problem, am Wochenende und abends zu arbeiten. Bitte rufen Sie mich an. Ich kann sofort anfangen.

Freundliche Grüße

Ivo Romanovic
(Ivo Romanovic)

Ivo Romanovic / Schlechte 1. Version / Anschreiben (Kommentar Seite 27)

Lebenslauf

Vater: Doran Romanovic (Schlosser), Mutter: Anna Romanovic (Hausfrau),
4 Geschwister (eines ist Hausmeister)

Geburt: 9.11.1979 in Ljubljana, Slowenien

Schulen: Grundschule in Ljubljana, Gustav-Heinemann-Realschule in Ludwigshafen
(ohne Abschluss)

Ausbildung: Heizungs- und Lüftungsbauer bei Firma Rogalski

Heirat mit Eva, bis jetzt Vater von 4 Kindern

Arbeit: 3 Jahre als Heizungs- und Lüftungsbauer bei Firma Rogalski, 5 Jahre bei
Firma Ratibor

Seitdem: arbeitslos und Reparaturarbeiten bei Familie und Freunden

Weiterbildung am PC

Führerschein Klasse B

Sprachkenntnisse: Serbo-kroatisch und Deutsch

Hobby: Kampfsport

Ivo Romanovic, Adresse: Finkenweg 4, 76131 Karlsruhe, Tel. 0721/6773448

Zeugnisse von Realschule, Ausbildung und 2 Stellen

Ivo Romanovic
Finkenweg 4
76131 Karlsruhe
Tel. 0721 6773448

Fa. Sinnig
Herrn Bauer
Knüppeldamm 13
68301 Mannheim

Karlsruhe, 18.02.11

Bewerbung als Heizungs- und Lüftungsbauer
Ihre Stellenausschreibung in der Mannheimer Morgenpost vom 10.02.2011

Sehr geehrter Herr Bauer,

vielen Dank, dass Sie sich gestern spontan Zeit für ein persönliches Gespräch
genommen haben. Es hat mein Interesse an der Stelle noch verstärkt.
Wie besprochen schicke ich Ihnen meinen Lebenslauf, ein Foto und Zeugnisse.

Meine Berufspraxis als Heizungs- und Lüftungsbauer umfasst einschließlich meiner
Ausbildung 12 Jahre bei zwei Firmen, von denen die letzte leider in Konkurs ging.
Seit zwei Jahren erledige ich Reparaturaufgaben in der Nachbarschaftshilfe –
es gibt fast nichts, das ich nicht repariere. Meine »Kunden« sind mit dem Ergebnis
und meinem Service sehr zufrieden! In meiner gesamten Berufspraxis hatte ich
Umgang mit verschiedenen Kulturkreisen, vor allem mit Polen und Jugoslawen.

Selbstverständlich arbeite ich für den Notdienst auch am Abend und Wochenende.
Ich freue mich sehr darauf, ein weiteres Gespräch mit Ihnen zu führen.

Mit freundlichen Grüßen

Ivo Romanovic

Anlagen

Ivo Romanovic / Verbesserte 2. Version / Anschreiben (Kommentar Seite 27)

Lebenslauf

Persönliche Angaben

Name: Ivo Romanovic
Adresse: Finkenweg 4, 76131 Karlsruhe,
Tel. 0721 6773448
Geburt: 09.11.1979 in Ljubljana, Slowenien
Familienstand: verheiratet, 4 Kinder
Staatsangehörigkeit: deutsch

Schul- und Berufsausbildung

1985–1991	Grundschule in Ljubljana
1991–1996	Realschule in Ludwigshafen mit Hauptschulabschluss
1996–1999	Firma Rogalski, Karlsruhe; Ausbildung zum Heizungs- und Lüftungsbauer mit HWK-Abschluss

Berufspraxis

10/1999–12/2002	Firma Rogalski, Karlsruhe Einsatzschwerpunkte: Montage von Heizkörpern
01/2003–12/2007	Firma Ratibor, Karlsruhe Einsatzschwerpunkte: Wartung von Heizungsanlagen, Kontrolle des Rohrleitungssystems, Montage von Armaturen etc.
Seit 01/2009	Sanitär-Reparaturen und andere handwerkliche Tätigkeiten im Rahmen der Nachbarschaftshilfe, vor allem im Familien- und Bekanntenkreis Unterstützung des als Hausmeister tätigen Bruders

Ivo Romanovic / Verbesserte 2. Version / Lebenslauf 1. Blatt (Kommentar Seite 27)

Fortbildungen

11/2001	Handwerkskammer Karlsruhe Sicherheitstraining Schweißen und Löten
03/2008	Firma Allas, Karlsruhe PC-Grund- und Aufbaukurs
09/2009	Richter GmbH, Karlsruhe Excel-Tabellenkalkulation

Kenntnisse und Fähigkeiten

PC-Kenntnisse: Gut in MS Office mit den Programmen Word und Excel

Sprachkenntnisse: fließend Serbokroatisch und Deutsch

Interkulturelle Erfahrungen im Umgang mit Menschen verschiedener Herkunft, vor allem aus Polen und vom Balkan

Führerschein Klasse B

Handwerkliche Universalfähigkeiten, auch Mauer-, Maler- und Tischlerarbeiten

Karlsruhe, 18.02.11

Ivo Romanovic

Ivo Romanovic / Verbesserte 2. Version / Lebenslauf 2. Blatt (Kommentar Seite 27)

Zu den Unterlagen von Ivo Romanovic

Version 1

Das **Anschreiben** wirkt furchtbar gequetscht und ist schlecht auf der Seite verteilt. Was für ein Start … Die Datumszeile sollte am rechten Seitenrand erscheinen, ohne »den« zwischen Ort und Datum. Außerdem mangelt es an etwas ganz Wichtigem: der Betreffzeile (auch wenn sie so nicht ausformuliert bezeichnet wird). Sie benennt sofort, worum es in dem Brief geht.

Herr Romanovic hat sich nicht die Mühe gemacht, vorab zu telefonieren, um den Ansprechpartner für seine Bewerbung herauszufinden. Auch die Quelle für seine Bewerbung fehlt, die Zeitung, in der er das Inserat gefunden hat.

Der Bewerber erklärt ehrlich, aber schrecklich ungeschickt, wieso er nicht mehr »in Lohn und Brot steht«. Seine Ausführungen deuten auf Schwarzarbeit hin, lassen aber die Hoffnung aufkommen, er verfüge über fachliches Können und ein gewisses Engagement. Sicher ist: Seine Deutschkenntnisse sind nicht optimal. Es wäre geschickter gewesen, hier einen »Schriftkundigen« gegenlesen zu lassen, ein Hinweis, der auch für »Einheimische« gilt: Vier und mehr Augen sehen wirklich mehr.

Der Platz für die Unterschrift ist viel zu eng bemessen. Außerdem muss der Name nicht maschinenschriftlich wiederholt werden. Leider fehlt hier am Ende auch noch der Hinweis auf die Anlagen.

Im einseitigen **Lebenslauf** fehlen Überschriften, Absätze und Hervorhebungen, die das Lesen erleichtern könnten. Herr Romanovic hat seinen Lebenslauf streng chronologisch geordnet – er erwähnt die Eltern vor seiner Geburt und fügt zwischen den verschiedenen beruflichen Stationen auch noch seine Hochzeit ein. Das ist zwar konsequent, aber unüblich und auch überflüssig. Außer seinem Geburtsdatum gibt er keine zeitlichen Daten an, die in der ersten Spalte eines Lebenslaufes stehen sollten, und verzichtet auf alle Ortsangaben.

Die ehrliche Aussage, arbeitslos zu sein, schreckt erst einmal ab, selbst wenn sie dadurch abgemildert wird, dass er während dieser Zeit bei Freunden gearbeitet hat. Der Bewerber weist auf PC-Kurse hin, die er jedoch inhaltlich nicht näher ausführt. Er erwähnt seine Sprachkenntnisse, geht aber nicht darauf ein, dass er interkulturelle Erfahrungen besitzt. Erst jetzt findet man seinen Namen mit der Adresse und unter dem geradezu abschreckenden, völlig unpassenden Automatenfoto den Hinweis auf Zeugnisse in der Anlage zum Lebenslauf.

Version 2

Das neue **Anschreiben** ist einfach, aber übersichtlich gestaltet. Briefkopf, Datum und Betreffzeile genügen jetzt den minimalen Anforderungen, die an ein ordentliches Anschreiben gestellt werden. Herr Romanovic hat sich nicht nur nach dem direkten Ansprechpartner erkundigt, sondern, wie wir im ersten Abschnitt lesen, sogar einen ersten spontanen Erkundungsbesuch gemacht. Dieser habe sein Interesse verstärkt, lässt er den Leser wissen und suggeriert glaubhaft: »Ich will mich hier wirklich engagieren«. Daher kann sein Anschreiben kurz ausfallen. Er beschreibt in ordentlich getexteten Sätzen seine Berufspraxis sowie die aktuelle erfolgreiche Nachbarschaftshilfe und erklärt seine Bereitschaft für flexible Arbeitszeiten. Diese Botschaften kommen beim Empfänger bestimmt gut an!

Der neue **Lebenslauf** macht einen gut strukturierten Eindruck, beginnend mit den persönlichen Angaben. Das freundliche Foto weckt Interesse und Sympathie. So kann Vertrauen und damit Zutrauen (jemandem die Kompetenz zutrauen) entstehen. Der Kopf ist etwas »angeschnitten«, was die Porträtfunktion unterstreicht.

Die folgenden Angaben beginnen chronologisch mit den älteren Daten, damit die neuesten (die Nachbarschaftshilfe) nicht so ins Auge fallen. Das ist nicht unbedingt nötig, da auch diese Form des »Nebenjobs« wertvolle praktische Erfahrungen mit sich bringt. Alle notwendigen zeitlichen und örtlichen Angaben sind jetzt korrekt enthalten. Gut, dass Herr Romanovic die Schwerpunkte seiner letzten Arbeitsstelle angibt und erwähnt, dass er seinen als Hausmeister tätigen Bruder unterstützt – er weiß also, welche Aufgaben auf ihn zukommen.

Bei seinen Fortbildungen vergisst er nicht das Sicherheitstraining, obwohl es schon länger zurückliegt, und bezeichnet nun auch inhaltlich die PC-Kurse näher. Schon dies klingt überzeugend und wird noch durch die Kategorie »Kenntnisse und Fähigkeiten« verstärkt. Seine interkulturellen Erfahrungen und serbokroatischen Sprachkenntnisse nimmt man ihm selbstverständlich ab, ebenso wie sein handwerkliches Allroundtalent.

Einschätzung

Mit dieser einfachen, aber sehr ordentlichen, auf jeder Schreibmaschine leicht herstellbaren Bewerbung bekommt Herr Romanovic sicherlich eine Einladung. Und dank des neuen Fotos will ihn bestimmt jede Sekretärin gern bei sich im Vorzimmer eine Weile warten sehen.

RUDOLF RICHERTSEN
TORGAUER STR. 50
80993 MÜNCHEN
TELEFON/FAX: 0 89 / 2 56 345 80

Kemper & Söhne GmbH
Personalabteilung
Herrn J. Kemper Persönlich!
Kuckuckweg 69
86169 Augsburg   15.02.11

Ihre Anzeige in der Süddeutschen Zeitung vom 14.02.11

Sehr geehrte Damen und Herren!

Hiermit beziehe ich mich auf die o.g. Stellenanzeige und übersende Ihnen meine Bewerbungsunterlagen. Ich glaube, dass ich gut Ihr Team mit meiner Person bereichern werde, und möchte gerne für
Sie arbeiten.

Ich denke an eine Position mit beruflicher Verantwortung, in der ich meine Kenntnisse voll nutzen
und weitere Erfahrungen sammeln kann.

Ich bin ausgebildeter Industriekaufmann und habe mich im Bereich Informationsmanagement
weitergebildet. Langjährige umfassende Erfahrungen in Büro-Administration und selbstständiger
Sachbearbeitung in der Chemiebranche ergänzen mein Profil.

Zurzeit bin ich in einer vom Arbeitsamt geförderten EDV-Fortbildungsmaßnahme. Deshalb könnte
ich Ihnen sehr kurzfristig zur Verfügung stehen. Weitere Details zu meinem Werdegang und meiner
Person können Sie auch den beigefügten Unterlagen entnehmen.

In einem persönlichen Gespräch würde ich Sie gern davon überzeugen, dass ich vielseitig und aktiv
tätig sein kann, um Ihr Unternehmen mit meiner Person zu bereichern.

Ich verbleibe

hochachtungsvoll

Rudolf Richertsen

(Rudolf Richertsen)

PS: In der letzten Februar-Woche bin ich für zehn Tage verreist, höre aber regelmäßig meinen
Anrufbeantworter ab, sodass mich Ihre Nachricht sicherlich erreichen wird.

Anlagen

Rudolf Richertsen / Schlechte 1. Version / Anschreiben (Kommentar Seite 36)

Lebenslauf

Persönliche Daten:

Name	Rudolf Richertsen
Anschrift	Torgauer Str. 50
	80993 München
	Telefon/Fax: 0 89 / 2 56 345 80
Geburtsdatum	27.09.1969
Familienstand	geschieden, keine Kinder
Konfession	ohne

Schulbildung

1975 – 1985	Haupt- und Handelsschule Hamburg
1985 – 1989	Ausbildung zum Industriekaufmann Hamburg
1990 – 1993	Staatliches Abendgymnasium Hamburg
	Abschluss: Abitur

Beruflicher Werdegang

1989 – 1993	Industriekaufmann Hamburg
1.7.93 – 30.9.93	arbeitslos
10/1993 – 06/1998	Assistent der Geschäftsleitung
	Chemie AG München
07/1998 – 03/2001	Informationsmanagement
	Pharma Grün München
04/03	ohne Beschäftigung, nach Ausbildungsabschluss
Seit 05/2003	Informationsmanagement
	Altvater Chemie-Werke AG München
Seit 31.12.09	wieder arbeitssuchend

Weiterbildung

04/2001 – 03/2003	Ausbildung als staatl. geprüfter Dokumentar
	Anerkennungsjahr
	Institut für Dokumentation München
Seit 01.01/2011	Weiterbildung EDV Arbeitsamt München

München, den 15. Februar 2011

RUDOLF RICHERTSEN
Torgauer Str. 50
80993 München
Tel./Fax: 089 25634580

Kemper & Söhne GmbH
Personalabteilung
Herrn J. Kemper
Kuckuckweg 69
86169 Augsburg

15.02.11

Ihre Anzeige in der Süddeutschen Zeitung vom 14.02.2011
Sachbearbeiter

Sehr geehrter Herr Kemper,

in der o.a. Anzeige beschreiben Sie einen Arbeitsbereich, der mich in höchstem Maße interessiert und auch meinen Fähigkeiten und Neigungen voll entspricht.

Kurz zu meiner Person:
Ich bin ausgebildeter Industriekaufmann und habe mich im Bereich Informationsmanagement erfolgreich weitergebildet. Langjährige umfassende Erfahrungen in Büro-Administration und anspruchsvoller, selbständiger Sachbearbeitung in der Chemiebranche ergänzen mein Tätigkeitsprofil.

Aktuell befinde ich mich in einer EDV-Fortbildung und könnte Ihnen deshalb auch sehr kurzfristig zur Verfügung stehen.

Über eine Einladung zum Vorstellungsgespräch freue ich mich
und verbleibe

mit freundlichen Grüßen aus München

Rudolf Richertsen

PS: Ich würde mich sehr freuen, von Ihnen noch vor dem 23.02. zu hören, da ich dann beabsichtige, für etwa zehn Tage zu verreisen. Herzlichen Dank.

Anlagen

Rudolf Richertsen / Verbesserte 2. Version / Anschreiben (Kommentar Seite 36)

RUDOLF RICHERTSEN

Torgauer Str. 50

80993 München

Tel./Fax: 089 25634580

Bewerbung als
Sachbearbeiter bei der

KEMPER & SÖHNE GMBH

RUDOLF RICHERTSEN

geboren 27.09.1969 in Hamburg
unverheiratet, keine Kinder

angestrebte Tätigkeit: Sachbearbeiter
aktuelle Situation: EDV-Fortbildung

BERUFSERFAHRUNG

05/2003 – 12/2009	**Altvater Chemie-Werke AG** **München** Position: Informationsmanagement Literaturrecherchen, Datenbankarbeit, Öffentlichkeitsarbeit
04/2001 – 03/2003	**Institut für Dokumentation** **München** Ausbildung u. Anerkennungsjahr als staatl. geprüfter Dokumentar Schulung in Informationsmanagement, EDV u. Wirtschaftsenglisch
07/1998 – 03/2001	**Pharma Grün** **München** Position: Informationsmanagement Informationsplanung, Organisation, Fachkorrespondenz Erstellung von Werbemitteln
10/1993 – 06/1998	**Chemie AG** **München** Position: Assistent der Geschäftsleitung
1989 – 1993	**Tee-Kontor Import GmbH** **Hamburg** Position: Sachbearbeiter

SCHUL- UND BERUFSAUSBILDUNG

1990 – 1993	**Staatliches Abendgymnasium** **Hamburg** Abschluss: Abitur
1985 – 1989	**Ausbildung zum Industriekaufmann** **Hamburg** Abschlussnote: gut
1975 – 1985	**Haupt- und Handelsschule** **Hamburg** Abschlussnote: sehr gut

Rudolf Richertsen / Verbesserte 2. Version / Lebenslauf 1. Blatt (Kommentar Seite 36)

Sprachkenntnisse

sehr gute Englischkenntnisse in Wort und Schrift
sehr gute Orthografie-, Interpunktions- und Grammatikkenntnisse
der deutschen Sprache
eigenständige Korrespondenzerfahrung

EDV-Erfahrung

MS Office Professional mit Textverarbeitung, Tabellenkalkulation
und Datenbankprogramm,
aktuelle Fortbildung EDV bei der Arbeitsagentur München
seit 01/2011

Kurzschrift
gute Stenografiekenntnisse und schreibtechnische Fertigkeiten

Führerschein
Klasse B

Engagement
Mitglied im Naturwissenschaftlichen Verein München

Interessen
Bergsteigen, Literatur des Bethel-Kreises

ZU MEINER PERSON

Mein Lebenslauf steht für kontinuierliche Weiterbildung, Leistungsbereitschaft und Lernfähigkeit. Das Abitur am Abendgymnasium und die Qualifizierung zum Wissenschafts-Dokumentar (BC) belegen dies.

Ich verfüge über fundierte Erfahrungen in den Bereichen Organisation und Administration. Zu betonen sind meine guten Sprachkenntnisse und deren Anwendungssicherheit.

Die Arbeit hat in meinem Leben, da ich unverheiratet bin, einen besonderen Stellenwert, sodass konkrete berufliche Ziele für mich eine wichtige Rolle spielen. Gern würde ich mich mit vollem Engagement der von Ihnen beschriebenen Aufgabe widmen.

München, 15. Februar 2011

Rudolf Richertsen

Rudolf Richertsen / Verbesserte 2. Version / »Dritte Seite« (Kommentar Seite 36)

ANLAGEN

Arbeitszeugnisse

Altvater Chemie-Werke AG, München

Pharma Grün, München

Chemie AG, München

Tee-Kontor Import GmbH, Hamburg

Prüfungszeugnisse

Institut für Dokumentation, München

Industrie- und Handelskammer Hamburg

Rudolf Richertsen / Verbesserte 2. Version / Anlagenverzeichnis (Kommentar Seite 36)

Zu den Unterlagen von Rudolf Richertsen

Version 1

Wie schlicht dieses erste **Anschreiben** und der einseitige **Lebenslauf** sind, erschließt sich nicht erst, wenn man beide mit der zweiten Version verglichen hat. Angefangen beim Adressfeld (*Persönlich!* ist nicht okay) und weiter mit der Anrede »Sehr geehrte Damen und Herren«, sind schon auf den ersten Blick ziemlich dumme Fehler enthalten. Das ist besonders ärgerlich, weil offensichtlich ein Ansprechpartner bekannt ist (Herr Kemper). Auch die langweilige Standarderöffnung (»Hiermit beziehe ich mich …«) ist wirklich nicht empfehlenswert. »Ich glaube …«, »Ich denke …«, »Ich bin …« sind Satzanfänge, die den Leser wohl eher abschrecken werden. Die Stilblüte zum Abschluss (»… mit meiner Person bereichern«) wird nur noch durch das altmodische »hochachtungsvoll« getoppt. Aber auch die maschinenschriftliche Wiederholung des Namens, das Einklammern sowie das inhaltlich unglücklich formulierte »PS« sind gute Beispiele, wie man es *nicht* machen sollte.

Der kurze, einseitige **Lebenslauf** mit dem viel zu kleinen Jugend-**Foto** von vor etwa zehn Jahren löst keine Neugier auf den Bewerber aus. Die Form ist einfach zu schlicht, zu langweilig. An drei Stellen wird prominent auf die Arbeitslosigkeit hingewiesen. Das ist vollkommen überflüssig. So weckt man Misstrauen und ein kritischer Personalentscheider wird Herrn Richertsen leider ablehnen. Die Formulierung »München, den 15. Februar 2011« ist so nicht korrekt und natürlich vergisst man auch nicht zu unterschreiben.

Es lohnt sich …

Auf Empfehlung eines Freundes hatte ich einen Fototermin bei einem mir bis dahin unbekannten Fotografen. Bereits ein Vierteljahr davor war ich bei einem durchaus stadtbekannten Fotostudio gewesen, jedoch gefiel mir das Ergebnis nicht sonderlich gut. Und die Tatsache, lediglich eine Einladung auf zehn versandte Bewerbungen zu bekommen, erklärte ich mir teilweise auch mit dem unglücklichen Foto, an dem ich mir jedoch eine gewisse Mitschuld gab. Ich bin eben kein Model!

Was jetzt bei meinem zweiten Versuch ganz anders war und mich doch ziemlich beeindruckte: Der Fotograf nahm sich wirklich Zeit, sprach zunächst mit mir etwa eine halbe Stunde, was ich vorhätte, welchen Beruf und welche Verantwortung ich anstreben würde, bevor das »Knipsen« losging. Mein Problem: Ich halte mich für äußerst unfotogen. Sein guter Zuspruch und auch die Zeit, in der wir uns unterhielten, ließen mich meine Selbstzweifel nahezu vergessen. Und, siehe da, aus den über 80 Fotos fanden wir gemeinsam einige ganz passable heraus. Und jetzt habe ich auch einen neuen Job!

Version 2

Ein angenehm kurzes **Anschreiben** verdeutlicht, dass der Bewerber sich auf eine Anzeige meldet, ohne vorab telefoniert zu haben (leider!). Da er der Anzeige aber den Namen entnehmen konnte, ist eine direkte Ansprache trotzdem möglich. Der Kandidat stellt sich kurz vor und schließt selbstbewusst (ohne Konjunktiv) mit der Formulierung »Über eine Einladung … freue ich mich«. Insgesamt ein gut und ansprechend gestaltetes Anschreiben, das bestimmt positiv auffällt. Ob der Bewerber bereits hier detaillierter zu seinem aktuellen Status (arbeitslos, in Fortbildung) hätte mitteilen sollen, ist Ansichtssache. Die gewählte Präsentationsform löst bestimmt Interesse aus. Obwohl sich der Kandidat offensichtlich aus der Arbeitslosigkeit (bzw. Fortbildung) heraus bewirbt, hat er eine interessante Vortragsform gefunden und umgeht auf den nachfolgenden Seiten das problematische Thema seiner nun über einjährigen Arbeitslosigkeit recht elegant.

Die grafische Gestaltung (**Deckblatt** als konsequente Fortsetzung des Briefkopfs) ist auf den folgenden Seiten sehr ansprechend gewählt, einfallsreich und gleichzeitig übersichtlich. Das fast professionelle Fotoformat (kein Automatenbild!) ist ein echter »Hingucker«. Jetzt sehen wir mehr: Ein gestandener Kandidat, altersentsprechend aussehend, beschäftigt den Betrachter schon etwas länger. Der Bewerber strahlt Kraft und Energie aus. Beachten Sie auch bitte wieder, dass der Kopf deutlich »angeschnitten« ist, was die Porträtfunktion (das Gesicht wirkt noch größer) unterstreicht. Die für die berufliche Entwicklung gewählte knappe Präsentationsform kommt ohne die traditionelle Überschrift »Lebenslauf« aus (bravo!) und beinhaltet ein gutes Maß an Information. Die Themenabfolge »Berufserfahrung« (inklusive Weiterbildung) – »Schul- und Berufsausbildung« ist sofort überzeugend. Die besonderen Kenntnisse und Fähigkeiten werden vielleicht sogar einen Tick zu massiv dargestellt. Die Abschnitte »Engagement« und »Interessen« führen sicherlich zu Nachfragen, und die beigefügte »Dritte Seite« ist nicht nur außergewöhnlich, sondern auch ein guter Grund für eine Einladung. Natürlich fehlen lediglich hier im Buch aus Platzgründen die Anlagen, dafür sehen Sie das sinnvolle Anlagenverzeichnis.

Einschätzung

Erstaunlich, wie man aus den nicht günstigen, aber vorhandenen Daten mit ein wenig Text und anderer Zusammenstellung, einem gelungenen Foto und einem netteren Gesamterscheinungsbild eine so »runde« Bewerbung machen kann.

Mara Hochheim
Oberstr. 19
37269 Eschwege
Tel. 0 56 51 / 56 67 82

Sühring GmbH
Zentralbereich Personalplanung
Hauptstr. 28

36179 Bebra

Eschwege, den 05.06.2011

Betr.: Ihr Stellenangebot, »Hessisches Tageblatt«, 02.06.2011
Bewerbung als Vertriebsassistentin

Sehr geehrte Damen und Herren,

um die Stelle einer Vertriebsassistentin in Ihrer Firma bewerbe ich mich hiermit.

Als Marketing- und Vertriebsassistentin bringe ich alle von Ihnen geforderten Fachkenntnisse mit. Praktische Erfahrungen besitze ich aus meinem Praktikum, das ich während
meiner Fortbildung bei der Leuter Maschinenbau AG ableistete. Da ich bisher leider keine
längerfristige Stelle als Marketing- und Vertriebsassistentin fand, nutze ich die Zeit durch
ehrenamtliches Engagement im Sportverein für körperbehinderte Schwimmer.
Im Anschluss an meine Ausbildung als Bankkauffrau arbeitete ich einige Jahre bei
Sparkassen und Banken, unterbrochen durch Zeiten der Kindererziehung, Familienpflege
und Arbeitssuche. Dadurch bleibe ich flexibel.

Obwohl ich keine „Bilderbuchkarriere" vorweisen kann, bin ich sehr eifrig, fleißig und
zuverlässig. Ich lerne gerne dazu, arbeite mich schnell ein und passe mich an.

Ich würde mich sehr freuen, wenn Sie meine Bewerbung berücksichtigen könnten.

Mit freundlichen Grüßen

Mara Hochheim

Anlagen

Lebenslauf

Persönliches

Name:	Mara Hochheim, geb. Wiechmann
Adresse:	Oberstr. 19, 37269 Eschwege, Tel. 0 56 51 / 56 67 82
Geburt:	am 11.11.1966 in Kassel
Familienstand:	verheiratet, 2 Kinder

Berufserfahrung

Seit 09/2010	kein Beschäftigungsverhältnis; Ehrenamt
01–08/2010	Marketingsachbearbeiterin Leuter Maschinenbau AG, Eschwege (Beendigung innerhalb einer verlängerten Probezeit)
12/2008–12/2009	arbeitssuchend, Fortbildung
08–11/2008	Praktikum bei der Leuter Maschinenbau AG, Eschwege
01–12/2007	kein Beschäftigungsverhältnis; Pflege der Mutter
01/2005–12/2006	Kreditsachbearbeiterin (halbtags) Postbank Witzenhausen
02/1997–09/2004	Bankangestellte (halbtags) Sparkasse Eschwege
11/1990–01/1997	Kindererziehung
01/1989–10/1990	Bankangestellte Bankhaus Mösch, Kassel (Beendigung wegen Mutterschaft)

Schule, Aus- und Weiterbildung

01/2008–12/2008	Marketing- und Vertriebsassistentin in Wirtschaft und Dienstleistung, Wirtschaftsakademie Bad Sooden-Allendorf
08/1986–01/1989	Ausbildung zur Bankkauffrau Bankhaus Mösch, Kassel
1983–1986	Wirtschaftsgymnasium in Kassel, Abschluss allgemeine Hochschulreife, Note sehr gut
1973–1983	Grund- und Mittelstufe in Kassel-Wilhelmshöhe

Mara Hochheim

MARA HOCHHEIM
Marketing- und Vertriebsassistentin/Bankkauffrau

Oberstr. 19
37269 Eschwege
☎ 05651 566782

Sühring GmbH
Zentralbereich Personalplanung
Frau Osten
Hauptstr. 28
36179 Bebra

Eschwege, 05.06.2011

Ihr Stellenangebot, »Hessisches Tageblatt«, 02.06.2011
– Vertriebsassistentin –

Sehr geehrte Frau Osten,

Ihre Annonce hat mich ganz besonders angesprochen:
Für den Vertrieb Ihrer Produkte in den neuen EU-Staaten, insbesondere im Baltikum,
bringe ich genau die erforderliche Fachpraxis, Qualifikation und eine hohe Motivation mit.

Als Marketing- und Vertriebsassistentin mit einschlägigen Arbeits- und Erfahrungs-
schwerpunkten erfülle ich die von Ihnen erwarteten Voraussetzungen:
- abgeschlossene Berufsausbildung als Bankkauffrau
- Intensivfortbildung sowie ausgewiesene Praxis in Marketing und Vertrieb
- Erfahrung mit Export und Vertrieb in Litauen, Lettland, Estland
- langjährige Erfahrung im Beratungsgeschäft
- besonderes Einfühlungsvermögen und Verhandlungsstärke
- verhandlungssicheres Englisch
- zeitliche Flexibilität und Reisebereitschaft

Persönlich runde ich das Profil mit folgenden Eigenschaften ab:
- schnelle Auffassungsgabe, hohes Maß an Engagement
- Zukunftsorientierung mit Augenmaß für das Machbare
- unternehmerisch im Denken und kundenorientiert im Handeln

Mein Start bei der Sühring GmbH kann relativ kurzfristig erfolgen.
Ich bin sehr daran interessiert, meinen Beitrag für die Entwicklung Ihres Unternehmens
leisten zu dürfen, und freue mich auf ein persönliches Gespräch.

Mit freundlichen Grüßen aus Eschwege

Mara Hochheim

Anlagen

Mara Hochheim / Verbesserte 2. Version / Anschreiben (Kommentar Seite 43)

MARA HOCHHEIM
Marketing- und Vertriebsassistentin/Bankkauffrau

Bewerbungsunterlagen

für die
Sühring GmbH, Bebra
als
Vertriebsassistentin

MARA HOCHHEIM
Marketing- und Vertriebsassistentin/Bankauffrau

Lebenslauf

geboren am 11.11.1966 in Kassel

Oberstr. 19, 37269 Eschwege,
Tel.: 05651 566782 / 0170 445404

verheiratet, 2 fast erwachsene Kinder

Fachpraxis

Seit 9/2010	**Sportverein für körperbehinderte Schwimmer,** Eschwege Mitarbeiterin Interne Kommunikation Fundraising, Public Relation, Veranstaltungsorganisation (ehrenamtlich)
01–08/2010	**Leuter Maschinenbau AG,** Eschwege Marketingsachbearbeiterin Exporte in baltische Länder u. Finnland, befristete, projektbezogene Aufgabe
2008	**Wirtschaftsakademie Bad Sooden-Allendorf** Marketing- und Vertriebsassistentin in Wirtschaft und Dienstleistung (Modulare einjährige Fortbildung) dreimonatiges Praktikum bei der Leuter Maschinenbau AG, Eschwege
2005–2006	**Postbank Witzenhausen** Kreditsachbearbeiterin Finanzierungsberatung für kleinere und mittelständische Unternehmen
1997–2004	**Sparkasse Eschwege** Bankangestellte Tagesgeschäft und Finanzberatung von Privatkunden
1989–1990	**Bankhaus Mösch,** Kassel Bankangestellte Tagesgeschäft und Mitarbeit beim Marketing

Mara Hochheim / Verbesserte 2. Version / Lebenslauf 1. Blatt (Kommentar Seite 43)

MARA HOCHHEIM
Marketing- und Vertriebsassistentin/Bankkauffrau

Familienmanagement

Seit 07/2010	Unterstützung der Haushaltsführung meines alleinstehenden Vaters
2007	Pflege meiner schwer erkrankten Mutter; Fortbildung am PC und Auffrischung meiner Englischkenntnisse (Selbststudium)
1991–1996	Kinderbetreuung; Haushaltsorganisation

Berufliche Aus- und Weiterbildung

2005	**Sprachschule Broadstairs,** Kent (Großbritannien) Englisch-Intensivkurs
1998	**Gerstorf Training GmbH,** Eschwege Beratertraining Finanzierung und Geldanlage
1986–1988	**Bankhaus Mösch,** Kassel abgeschlossene Ausbildung zur Bankkauffrau

Schulbildung

1973–1983	Grund- und Mittelstufe in Kassel-Wilhelmshöhe
1983–1986	Wirtschaftsgymnasium in Kassel Abschluss allgemeine Hochschulreife

Besondere Kenntnisse

Fremdsprachen	Englisch fließend
	Französisch und Spanisch, jeweils gute Kenntnisse
EDV	Programme: MS Word, Excel, PowerPoint, Corel Draw

Mitgliedschaften und Freizeitinteressen

	Sportverein für körperbehinderte Schwimmer
	Wiederaufarbeitung von Spielzeug für das Kinderheim Nils Holgersson in Eschwege-Hohenlohe
	Naturschutzbund Deutschland

Eschwege, 05.06.2011

Mara Hochheim

Zu den Unterlagen von Mara Hochheim

Version 1

Für das **Anschreiben** hat Frau Hochheim leider keinen Ansprechpartner herausgefunden, dafür aber überflüssigerweise die altmodische Datumsangabe mit »den« sowie »Betr.« in der Betreffzeile verwendet. Sie wissen jetzt bereits, wie unglücklich dies ist. Ziemlich daneben im doppelten Wortsinn das Foto, das im kleinen Format eine »um die Ecke guckende« (Seitenporträt) Bewerberin zeigt.

Die Bewerberin formuliert schrecklich einfallslos: »… bewerbe ich mich hiermit« sowie »… bringe ich alle von Ihnen geforderten Fachkenntnisse mit«. Auch fast wörtliche Wiederholungen (»praktische Erfahrungen« und »Praktikum«) und teilweise sehr steife Formulierungen (»ableistete«) zeugen nicht gerade von guten sprachlichen Fähigkeiten, die im Vertrieb sicherlich notwendig sind.

Mit absoluter Ehrlichkeit bezogen auf ihre Arbeitslosigkeit setzt Frau Hochheim offensichtlich auf Mitgefühl (wenn nicht sogar schon auf Mitleid). Auch wenn sie den positiven Faktor Ehrenamt im gleichen Satz erwähnt – der »Makel« Arbeitslosigkeit steht prominent im Raum. Diesen Eindruck verstärkt sie noch durch den nächsten Abschnitt, in dem sie die Gründe für ihre beruflichen Unterbrechungen aufzählt. Sehr ungeschickt! Aber es kommt noch schlimmer: Sie weist selber darauf hin, dass sie keine Karriere gemacht hat. Und die anschließend genannten persönlichen Stärken sind größtenteils nicht geeignet, als Pluspunkte einer Vertriebsassistentin angesehen zu werden. Als »Krönung« drückt sie ganz bescheiden, in der Möglichkeitsform, ihren Wunsch nach der Berücksichtigung ihrer Bewerbung aus. Ob das hilft?

Der **Lebenslauf** ist ebenso unvorteilhaft wie das Anschreiben. Zum Block »Persönliches«: Ihren Geburtsnamen muss eine verheiratete Frau heute nicht mehr angeben.

Unter der Rubrik Berufserfahrung beginnt Frau Hochheim mit dem neuesten Datum. Auch wenn wir das so in den meisten Fällen empfehlen, hier ist es für unsere Bewerberin eher unvorteilhaft: Ihr beruflicher Weg verlief am Anfang (bis auf die etwas lange Erziehungszeit) recht positiv, während sie in den letzten Berufsjahren weniger Glück hatte. So dargestellt fallen zeitliche Lücken besonders auf.

Mit der Beschreibung ihres aktuellen Status (v) erschreckt Frau Hochheim leider potenzielle Arbeitgeber. Sie gibt offen ihre Arbeitslosigkeit zu, wenn auch abgemildert durch ein Ehrenamt und – in einem weiteren Fall – durch die Pflege der Mutter. Ebenfalls sehr negativ: das noch in der Probezeit beendete letzte Arbeitsverhältnis! Da eine Kündigung nicht erwähnt zu werden braucht, muss die Bewerberin auch diesen Umstand nicht so ungeschickt zu Papier bringen. Aus der ältesten Position ihrer Berufserfahrungen geht hervor, dass Frau Hochheim nach der Geburt ihres Kindes selber gekündigt hat.

Im nächsten Block fasst die Bewerberin alle weiteren Daten zusammen und lässt dabei wichtige Fortbildungen weg. Fast schon peinlich in diesem Alter: die Abiturnote! Kenntnisse und Interessen (einschließlich ihres wichtigen Engagements!) fehlen hier dafür leider, ebenso wie Ort und Datum, die neben der Unterschrift unter jeden Lebenslauf gehören.

Version 2

Das **Anschreiben** besticht jetzt durch eine ästhetische Kopfzeile mit Namen, Berufsbezeichnung und Adresse der Bewerberin. In dieser verbesserten Version hat Frau Hochheim die Ansprechperson ermittelt. Der einleitende Satz transportiert überzeugend die besondere Eignung und Motivation dieser Kandidatin. Anschließend bringt sie ihre fachlichen und persönlichen Qualitäten übersichtlich mit denen der Stellenausschreibung in Verbindung.

Im abschließenden Satz betont sie, dass sie dem Unternehmen einen Nutzen erbringen möchte. So etwas liest man selten – die Frage bleibt: Wird es auch geglaubt?

Der überarbeitete **Lebenslauf** wird mit einem Deckblatt eingeleitet, das auch das quadratische, großformatige, sehr ansprechende Foto von Frau Hochheim enthält. Was für ein Unterschied so ein Foto machen kann!

Als Fachpraxis führt sie als Erstes ihr aktuelles ehrenamtliches Engagement auf, das sie »Mitarbeiterin Interne Kommunikation (ehrenamtlich)« nennt, womit sie doch recht geschickt ihre Arbeitslosigkeit tarnt. Ihre wichtige Fortbildung steht viel besser unter der Rubrik Fachpraxis. Hier wie auch bei den folgenden Positionen erläutert sie kurz ihre Tätigkeit und gibt die Zeiträume – bis auf die beiden ersten – nur in Jahreszahlen an.

Selbst dabei entstehen zwei Lücken, die Frau Hochheim im nächsten Abschnitt unter »Familienmanagement« zusammenfasst. Da der zeitliche Beginn der familiären Unterstützung schon zwei Monate länger dauert als das Ehrenamt im Verein, erscheint es plausibler, die Arbeitslosigkeit nicht einfach zu vertuschen. Das erste »Lückejahr« umschreibt die Bewerberin etwas genauer und fügt hier sehr geschickt ihre im Selbststudium erworbenen PC- und Englisch-Kenntnisse ein. In dieser Bewerbungsversion kommen die Aus- und Weiterbildungen, Kenntnisse und Interessen deutlich besser zur Geltung.

Ist es Ihnen aufgefallen: Natürlich ist der Hinweis auf das projektbezogene, zeitlich begrenzte Engagement viel vorteilhafter als ein Scheitern in der Probezeit! Verhandeln Sie möglichst auch in diesem Sinne den Text in Ihrem Arbeitszeugnis. Bei kürzeren Zeiträumen kommen Sie auch gut ohne ein Arbeitszeugnis aus.

Einschätzung

An dieser Bewerbung zeigt sich, dass der ein wenig »geschönte« Lebenslauf einen viel überzeugenderen, besseren Eindruck hinterlässt. Frau Hochheim ist damit trotz Arbeitslosigkeit durchaus wieder im Rennen!

ZU VIELE ODER ZU WENIGE WECHSEL, KEIN ROTER FADEN

ZU KURZE VERWEILDAUER

Arbeitgeber gehen davon aus, dass der ideale Kandidat am Anfang seiner Laufbahn flexibler ist als später und etwa um das 40. Lebensjahr herum seine »berufliche Heimat« gefunden haben sollte.

Diese Regel trifft jedoch in Zeiten erhöhter Arbeitslosigkeit und angesichts des wachsenden Anteils befristeter Stellen und der Umzugsbereitschaft von Firmen nicht mehr in dem Maße zu. Arbeitnehmer wechseln ihren Arbeitsplatz häufig, weil ihr bisheriger wegrationalisiert wurde oder weil ein befristeter Arbeitsvertrag ausläuft.

Was hilft?

Lassen Sie ganz kurze Arbeitszeiten (wenige Tage bis einige Wochen) unter Umständen »unter den Tisch fallen«. Drei bis sechs Monate (ehrenvoller) Arbeitslosigkeit machen sich im Lebenslauf besser als ein bis zwei Arbeitsverhältnisse, die in dieser Zeitspanne nach nur wenigen Tagen oder Wochen aufgelöst wurden.

Fassen Sie, wenn irgend möglich, mehrere »Jobs« zusammen und überlegen Sie sich selbst eine Bezeichnung für diese Phase. Das Ziel: bloß keinen schlechten Eindruck aufkommen lassen.

Kommentierte Beispiele

Wir stellen Ihnen zwei Bewerberinnen vor, die nach üblichen Maßstäben eindeutig zu oft gewechselt und daher schlechtere Chancen auf dem Arbeitsmarkt haben – und wie sie dieses Problem deutlich abmilderten.

Nicole Wussow
(Bewerbungsunterlagen auf Seite 45 ff.)
Die junge Fotografin hat innerhalb von acht Jahren tatsächlich neun Arbeitsstellen gehabt – das sind eindeutig zu viele Wechsel! Ihre Freunde berät Nicole seit langem erfolgreich beim Styling/Outfit, sie hat gute Kontakte zu Visagisten. Die 24-Jährige steht vor der schwierigen Aufgabe, ihre berufliche Laufbahn als kontinuierliche Entwicklung darzustellen.

Sybille Lehmann
(Bewerbungsunterlagen auf Seite 51 ff.)
Der Lebenslauf der 43-jährigen Bewerberin spiegelt die Problematik von Frauen wider, die kurz nach Ende ihrer Ausbildung Mutter geworden sind: wenig Berufserfahrung und der Wunsch nach Teilzeitarbeit. Oft bleiben ihr nur befristete Stellen, manchmal unter ihrem Qualifikationsniveau als Diplom-Biologin. Nach einigen Jahren im öffentlichen Dienst arbeitet sie kurze Zeit in der Wirtschaft. Mit Abschluss einer Fortbildung als PR-Referentin bewirbt sie sich für eine attraktive Position.

Stuttgart, 12. Mai 2011

Nicole Wussow
Oberbergstr. 4
70173 Stuttgart
Tel.: 07 11 / 6 43 22 11

Image Foto
Ernst-Reuter-Str. 22
70164 Stuttgart

Blindbewerbung in Ihrem Fotostudio als Fotograf und Stylist

Sehr geehrte Dame,
ich bin gelernte Fotografin und kann trotz meiner jungen Jahre in meinem Beruf bereits auf viel Erfahrung zurückblicken. Nach dem Hauptschulabschluss 2001 habe ich bei einem Fotostudio gelernt und dann noch knapp 1 Jahr in zweien gearbeitet.

Danach habe ich mich entschlossen, meinen Realschulabschluss nachzuholen und dies auch getan. Leider habe ich danach keine Stellung als Verkäuferin in einem Modehaus bekommen und daher wieder in mehreren Fotoläden gearbeitet. Bei den meisten habe ich selber aufgehört, weil ich den ganzen Tag in der Dunkelkammer stehen und hinterher noch den Laden putzen musste. Insgesamt habe ich etwa 4 Jahre bei 6 Studios zugebracht und dabei auch viel gelernt.

Ich weiß, das waren vielleicht ein wenig zu viele Wechsel, aber damit ist jetzt Schluss, ich verspreche: Ich werde jetzt beständiger werden! Ich kann alles, was man können muss und noch viel mehr. Ich berate Freunde, wie sie am coolsten aussehen bei Styling und Outfit. Ich habe supertolle Fotos von der Künstlergruppe Vivaldi gemacht. Nun möchte ich Ihnen anbieten, dass sie mir die Gelegenheit geben, Ihre Kunden nicht nur zu fotografieren, sondern auch zu beraten, was sie anziehen und wie sie sich zurecht machen sollen. Damit war ich immer sehr erfolgreich.

Ihr Laden sieht von außen so aus, dass es mir dort sicher gut gefallen würde.
Bitte überlegen Sie es sich, Sie werden es nicht bereuen!

Viele Grüße Nicole Wussow

Außer dem Foto sende ich Ihnen noch meinen Lebenslauf, damit Sie sich besser vorstellen können, wer ich bin und dass ich in Ihren Laden passe.

Nicole Wussow / Schlechte 1. Version / Anschreiben (Kommentar Seite 49)

Stuttgart, 12. Mai 2011

Nicole Wussow
Oberbergstr. 4
70173 Stuttgart
Tel.: 07 11 / 6 43 22 11

Lebenslauf von Nicole Wussow

Am 24.Mai 1986 wurde ich als Tochter der Heidi Wussow und des Jürgen Wussow in Pforzheim geboren. Ich bin das jüngste von 5 Kindern. Weil mein Vater Handelsvertreter war, zogen wir oft um, so dass ich oft die Schule wechseln musste. Ich bin noch nicht verheiratet und habe keine Kinder.

Schule
1992   Einschulung in die 2. Grundschule von Ludwigsburg
1993   Wechsel zur Salomon-Grundschule in Esslingen
1996   Wechsel in die Konrad-Adenauer-Gesamtschule von Esslingen
1999–2001   Wechsel zur Martin-Buber-Hauptschule in Sindelfingen, Schulabschluss

Beruf
2001–2004   Fotostudio Wenzel: Ausbildung als Fotografin
2004   Foto-Klick
2004   Fotografin Schulze

Schule
2005–2006   Oberstufenzentrum Reutlingen, Realschulabschluss

Beruf
2006   Schröder Fotostudio
2006   Karstadt, Fotoabteilung
2007   Hochzeitsfotos Müller
2008   Studio Leopold
2008   Fotolabor am Hang
2009   Foto-Wegert

Meine besonderen Stärken sind:
Beratung in Styling sowie coolem Outfit
2009, 2010   Fotoserie der Künstlergruppe Vivaldi

Meine übrigen Hobbys sind:
Freunde treffen, Tanzen, Kino, Computerspiele, Musik und Lesen

Nicole Wussow
24 Jahre alt
Oberbergstr. 4
70173 Stuttgart
Tel.: 0711 6432211

Image Foto
Frau Lengert
Ernst-Reuter-Str. 22
70164 Stuttgart

Stuttgart, 12.05.2011

Kurzbewerbung als Fotografin/Stylistin

Sehr geehrte Frau Lengert,

Ihr Geschäft zieht vor allem junges, unkonventionelles Publikum an –
ein attraktiver Anknüpfungspunkt für mich: Als vielseitige und kreative Fotografin
sowie Stylistin würde ich Ihren Kunden gern einen Rundum-Service bieten:
Styling und Outfit-Beratung als Ergänzung für gelungene Fotos, besonders für
Bewerbungen und den Werbebereich.

Auf der Grundlage einer Fotografin-Ausbildung sammelte ich über Jahre vielseitige
Berufserfahrung. Bei meiner letzten Anstellung, die leider wegen Geschäftsaufgabe
vorzeitig endete, begann ich mit der Outfitberatung. In meiner Freizeit berate ich
Freunde erfolgreich darin, wie sie am coolsten aussehen können. Selbst Modefotografen sind beeindruckt von meinen Ergebnissen. Ein weiteres Highlight in
meiner beruflichen Entwicklung stellt die Fotoserie der Künstlergruppe Vivaldi dar,
wofür ich viel Anerkennung erhielt.

Nach dieser ersten Kontaktaufnahme möchte ich Sie demnächst persönlich in Ihrem
Geschäft aufsuchen und bitte hierfür um einen Termin. Bei dieser Gelegenheit
übergebe ich Ihnen gern meinen Lebenslauf, Zeugnisse und weitere Fotos, die mich
bei meiner Arbeit und mit meinen zufriedenen Kunden zeigen.

Mit freundlichen Grüßen

Nicole Wussow

Nicole Wussow / Verbesserte 2. Version / Anschreiben (Kommentar Seite 49)

Nicole Wussow
24 Jahre alt
Oberbergstr. 4
70173 Stuttgart
Tel.: 0711 6432211

Schule

1992 – 1996	Grundschulen in Ludwigsburg und Esslingen
1996 – 2001	Oberschulen in Esslingen und Sindelfingen, Hauptschulabschluss
2005 – 2006	Oberstufenzentrum Reutlingen, Realschulabschluss

Berufspraxis

2001 – 2004	Fotostudio Wenzel, Sindelfingen: Ausbildung als Fotografin
2006 – 2007	„Wanderjahre" als Fotografin
2008	Studio Leopold, Stuttgart: Special in Werbefotografie
seit 11/2009	Foto-Wegert, Stuttgart: Porträtfotos mit Schwerpunkt Styling

Besondere Fähigkeiten und Erfolge

- EDV: Photoshop, Corel Photo Paint; Microsoft Office
- Fotos für Bewerbung und Werbung, Styling- und Outfitberatung
- Fotoserie der Künstlergruppe Vivaldi

Hobbys

Herstellung von Gipsplastiken, Kino, Jazzdance

Stuttgart, 12.05.2011

Nicole Wussow

Nicole Wussow / Verbesserte 2. Version / Lebenslauf (Kommentar Seite 49)

Zu den Unterlagen von Nicole Wussow

Frau Wussow bewirbt sich initiativ, also aus eigenem Antrieb, ohne dass es eine Stellenausschreibung gegeben hat. Gleichzeitig ist dies ein Beispiel für eine Kurzbewerbung, die mit einer Seite Lebenslauf auskommt.

Version 1

Im **Anschreiben** fällt sofort die Orts- und Datumszeile ins Auge, die weiter unten stehen müsste. Die Bezeichnung »Blindbewerbung« kennzeichnet eher die »Blindheit« der Absenderin – und das als ausgebildete Fotografin, die noch dazu ihre Berufsbezeichnungen in der männlichen Form angibt. Die Anrede »sehr geehrte Dame« ist absolut unüblich und muss unbedingt durch den Namen ersetzt werden.

Die folgende Aufzählung von Arbeitsstellen mit Zeitangabe (noch dazu als Ziffer!) bringt leider klar zum Ausdruck, wie unstetig Frau Wussows Arbeitsleben bisher verlaufen ist. Außerdem schreibt sie zu ehrlich, was sie denkt (»musste putzen«, »ich weiß, das waren zu viele Wechsel«), das macht sie angreifbar. Auch der Satz »Bitte überlegen Sie es sich, Sie werden es nicht bereuen« wirkt anbiedernd. Die Abschlussformulierung »Viele Grüße« wirkt in einem Geschäftsbrief, den das Bewerbungsschreiben darstellt, völlig unpassend. Der letzte Satz zeugt zwar von Einfallsreichtum, nicht aber von gutem Formulierungsvermögen.

Der **Lebenslauf** beginnt konsequent wieder mit der Datumszeile, die jedoch an das Ende des Lebenslaufs gehört. Der erste Abschnitt enthält zwar die wichtigsten Angaben (bis auf die Adresse), erinnert aber in seiner Erzählform eher an einen Aufsatz.

Die folgenden Überschriften sind interessant formatiert. Durch den streng chronologischen Ablauf kommt es jedoch zu einem Hin und Her zwischen Schule und Beruf. Die Zeitangaben wurden von Frau Wussow alle links angeordnet, aber nicht wie in der Spalte einer Tabelle. Zudem hat sie jeweils die Ortsangabe vergessen. Die Aufzählung so vieler verschiedener Arbeitsstellen zeugt von der Sprunghaftigkeit der Kandidatin – gut, dass sie nicht noch den Grund des Wechsels angegeben hat.

Eine gute Idee sind die »Stärken«, während die Hobbys zu viele sind und für eine junge Frau so banal wirken, dass sie nicht unbedingt erwähnt werden sollten. Ein weiterer schwerer Fehler: Am Ende hat die Bewerberin Ort, Datum und ihre Unterschrift vergessen!

Das Foto ist recht ordentlich, ein sympathisches Lächeln – ob es aber die Kraft hat, alle hier aufgeführten Fehler und Schwächen »wegzuzaubern«, ist mehr als fraglich.

Version 2

Das **Anschreiben** enthält ein eingescanntes, sehr auf das Gesicht konzentriertes, sympathisches Foto der Bewerberin. Die Anordnung der persönlichen Angaben (einschließlich Alter) neben dem ansprechenden Foto lässt diesen Block als originellen Absender erscheinen. Frau Wussow hat den Namen der Inhaberin in Erfahrung gebracht und die Datums- sowie die Betreffzeile korrekt gestaltet. Die senkrechte Linie neben Absender und Adresse unterstreicht die kreative Ader der Bewerberin.

Im ersten Abschnitt begründet Frau Wussow die Auswahl dieses Unternehmens für ihre Bewerbung und stellt in angemessen knapper Form ihre besonderen Arbeits-, Leistungs- und Kompetenz-Schwerpunkte dar. Die (zu) vielen Wechsel fasst sie elegant zusammen und berichtet über ihre zusätzlichen Fähigkeiten (Outfitberatung). Ihr Erfolg bei Freunden, Modefotografen und Künstlern wirkt überzeugend, die umgangssprachliche Formulierung »cool« passt vielleicht zu ihrem Wunscharbeitgeber, ist aber ansonsten ein wenig zu lässig.

Im letzten Abschnitt beschreibt Frau Wussow, wie sie sich das weitere Vorgehen vorstellt: Die Ansprechpartnerin könnte sich jetzt einen Wunschtermin überlegen oder die Bewerberin noch rechtzeitig vom Besuch abhalten.

Der **Lebenslauf** wird mit demselben, sehr ansprechenden Absenderblock inklusive Foto eröffnet,

Pechsträhne durchbrechen

Ich habe in den letzten beiden Jahren leider sehr viel Pech gehabt bei der Auswahl meiner neuen Arbeitgeber. Und so sind dann innerhalb von 27 Monaten tatsächlich fünf verschiedene Firmen zusammengekommen. Das macht eine durchschnittliche Verweildauer von knapp sechs Monaten aus und bedeutet: ich habe nie die ersten sechs Monate, die so genannte erweiterte Probezeit überstanden.

Genauer betrachtet sieht man, dass bei zwei Unternehmen sogar schon nach weniger als drei Wochen Schluss war. Der insgesamt negative Eindruck ist erdrückend. Davor und dazwischen war ich natürlich auch immer wieder für längere Zeit arbeitslos, oder besser arbeitssuchend. Nach dieser Pechsträhne wollte mich überhaupt kein Unternehmen. Nicht mal mehr eingeladen worden bin ich. Da habe ich dann allen Mut zusammen genommen und mit professioneller Unterstützung die ganz kurzen Beschäftigungsverhältnisse in meinen Unterlagen einfach »unter den Tisch fallen lassen« und andere zusammengefasst. Diese kosmetische Arbeit hat immerhin wieder zu Vorstellungsgesprächen geführt und schon beim dritten klappte es dann auch, ich bekam den Job. Und, oh Glück, hier bin ich jetzt bereits etwas länger als ein Jahr. Die Pechsträhne ist durchbrochen, es sieht wieder ganz gut für mich aus. Ohne eine gewisse professionelle Unterstützung hätte ich mich das nicht getraut und ich wäre sicher heute noch arbeits- und vor allen total hoffnungslos …

der leider aber keine Daten zu Geburt und Familienstand enthält. Das etwas unkonventionelle, aber sehr schöne Foto ist bei ihrem Beruf und Anspruch ein Muss. Wir sehen es zum wiederholten Mal und gewöhnen uns an die Bewerberin im positiven Sinne (Wiederholungseffekt, Stichwort: Vertrautheit). Die Bezeichnung »Lebenslauf« kann bei einer so übersichtlichen Darstellung der Lebensstationen getrost entfallen.

In dieser Version hat Frau Wussow ihre schulische Laufbahn geschickt zusammengefasst: Grundschulen, Oberschulen und der nachgeholte Realschulabschluss, bei dem sie den Namen der Schule erwähnt, weil dieser am wichtigsten war.

Für ihre häufigen Arbeitgeberwechsel hat sie einen passenden Vergleich gefunden: Die Bezeichnung »Wanderjahre« ist auch heute noch bei Zimmerleuten üblich, das schafft Sympathie und zeugt von Flexibilität und Mut. Auf diese Weise werden die negativen Aspekte des häufigen Wechsels kaschiert. Ihre beiden letzten Arbeitsverhältnisse führt sie einzeln auf, weil sie größere Bedeutung haben und auch durch Arbeitszeugnisse belegt werden.

Ihre Spezialitäten nennt sie geschickt »Besondere Fähigkeiten und Erfolge«. Das Hobby »Gipsplastiken« unterstreicht nochmals ihre Kreativität und ihre handwerkliche Geschicklichkeit und wird zu Nachfragen führen.

Einschätzung

Ein gelungenes Beispiel für eine Initiativbewerbung, die trotz widriger Umstände nach einer gezielten Überarbeitung so wunderschön daherkommt, dass man neugierig wird. Würden Sie diese Bewerberin nicht auch einladen wollen?

LEBENSLAUF

Name:	Sybille Lehmann
Geburtsort:	Berlin
Geburtsdatum:	28.4.1967
Familienstand:	verheiratet, zwei Kinder

Schulbildung

1973–1986 Abschluss: Abitur	Grundschule und Gymnasium in Berlin

Berufsausbildung

Okt. 1987–Juni 1994	Biologie-Studium an der FU Berlin; Schwerpunkte: Ökologie, Artenschutz; Abschluss: Diplom
Aug. 1990–Juli 1991	Austauschstudium an der University of Florida, Gainesville, Florida (USA)
Febr.–Apr. 1992	Berufspraktikum bei der Obersten Behörde für Naturschutz und Landespflege von Berlin

Arbeitspraxis/Sonstiges

Nov. 1994–Febr. 1995	Anfertigung von Karten für die Biotopkartierung Kottenforst am Biologischen Institut der Universität Bonn
März 1995	Anfertigung von EDV-Karten für den Arbeitsmarkt-Atlas am Geographischen Institut der Universität Bonn
Apr. 1995–Jan. 1996	Familienphase/Kindererziehung
Jan. 1997–Okt. 2000	Familienphase/Kindererziehung

Berufspraxis

Febr.–Dez. 1996	Angestellte beim Förderverein Kinderbauernhof Weichselplatz e.V., Bonn; Schwerpunkte: Öffentlichkeitsarbeit, Erstellung von Informationsmaterial, Fundraising; Mitarbeit am Finanzierungsantrag für den Kinderbauernhof; Buchhaltung, Gehaltsabrechnung und Mitgliederverwaltung
Nov. 2000–Okt. 2002	Angestellte beim Bundesamt für Naturschutz, Bonn; Schwerpunkte: Entwicklung einer Datenbank der Institutionen im Umwelt- und Naturschutzbereich; Sachmittelabrechnung

Nov. 2002 – Sept. 2004	Sachbearbeiterin im Bundesministerium für Wirtschaft, Bonn; Schwerpunkte: Dokumentation von Forschungsprojekten im Bereich der erneuerbaren Energien, Systematisierung und Einbindung von Initiativen, Interessenverbänden und Wirtschaft
Okt. – Dez. 2004	ohne Anstellung; Fortbildungen
Jan. 2004 – Apr. 2006	Wissenschaftliche Mitarbeiterin im Bundesministerium für Wirtschaft, Bonn; Schwerpunkte: Implementierung und Evaluation eines bundesweiten Programms zur Förderung der Solarenergie, Veröffentlichungen
Mai – Dez. 2006	ohne Anstellung; berufliche Orientierung
Jan. – Juni 2007	Sachbearbeiterin bei der Solar 2000 GmbH, Bornheim
Juli 2007 – Febr. 2008	Analyse- und Dokumentationstätigkeiten (freiberuflich) für Hans-Jürgen Berner, Bonn
März – Aug. 2008	ohne Anstellung; Pflege meiner kranken Mutter
Sept. 2008 – Sept. 2009	Fortbildung zur Referentin für regenerative Energien, Dachverband der Windparks NRW, Bonn
Seit Okt. 2009	freiberufliche Tätigkeiten als Webmasterin und Fachjournalistin

Ehrenamt

Seit 1994	Förderverein Kinderbauernhof Weichselplatz e.V., davon 2 Jahre im Vorstand
2002 – 2008	Konrad-Adenauer-Grundschule, Elternvertretung und Mitarbeit in Schulgremien
1997 – 2004	Elternvertretung in der evangelischen Kindertagesstätte „Wirbelwind"

Kenntnisse und Fähigkeiten

EDV-Kenntnisse: Textverarbeitung, Tabellenkalkulation, Datenbank, Graphikerstellung (Windows-Standardanwendungen sowie dBase);

Kenntnisse in Buchhaltung, Sachmittel- und Gehaltsabrechnung

Führerschein Klasse B

Sprachen: Englisch sehr gut, Französisch gut; Grundkenntnisse in Italienisch

Bonn, den 12.02.2011

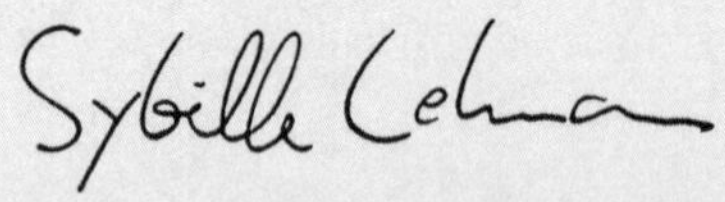

Sybille Lehmann

Sybille Lehmann / Schlechte 1. Version / Lebenslauf 2. Blatt (Kommentar Seite 57)

Bewerbungsunterlagen

als PR-Referentin

für Herrn Dr. Baluschek
Fachverband der thermischen Solarwirtschaft

von Sybille Lehmann
Referentin für regenerative Energien/Diplom-Biologin

Was kennzeichnet meine Arbeitsweise?

→ Ich bringe die Dinge schnell auf den Punkt.
→ Ich arbeite systematisch und schiebe nichts auf.
→ Stress bewältige ich mit Besonnenheit und Ausdauer.
→ Kreativität und Pragmatismus prägen meine Arbeitsweise.
→ Mit Authentizität gewinne ich schnell das Vertrauen der Menschen.
→ Meine Ziele verfolge ich mit analytischem Denken und Durchhaltevermögen.
→ Einfühlungsvermögen und Überzeugungsfähigkeit tragen zu meinen Erfolgen bei.

Sybille Lehmann / Verbesserte 2. Version / Deckblatt (Kommentar Seite 57)

Sybille Lehmann   *Acherstr. 4   53111 Bonn   Tel. 0228 3456321   E-Mail sybillebonn@web.de*

Sybille Lehmann
geboren am 28.04.1967 in Berlin
verheiratet, zwei Kinder, 15 und 16 Jahre alt

Beruflicher Hintergrund

seit 2007	Tätigkeiten in der Solarwirtschaft:
	○ Webmasterin und Fachjournalistin (freiberuflich)
	○ Analyse- und Dokumentationsaufgaben für Hans-Jürgen Berner, Bonn (freiberuflich)
	○ Sachbearbeiterin bei der Solar 2000 GmbH, Bornheim
2002 – 2006	Bundesministerium für Wirtschaft, Bonn
	○ Wissenschaftliche Mitarbeiterin: Implementierung und Evaluation eines bundesweiten Programms zur Förderung der Solarenergie; Veröffentlichungen
	○ Sachbearbeiterin: Dokumentation von Forschungsprojekten im Bereich der erneuerbaren Energien, Systematisierung und Einbindung von Initiativen, Interessenverbänden und Unternehmen
2000 – 2002	Bundesamt für Naturschutz, Bonn
	Angestellte: Aufbau einer Datenbank von Institutionen im Umwelt- und Naturschutz; Sachmittelabrechnung
1996	Förderverein Kinderbauernhof Weichselplatz e.V., Bonn
	Angestellte: Öffentlichkeitsarbeit, Fundraising; Mitarbeit am Finanzierungsantrag für den Kinderbauernhof

Sybille Lehmann / Verbesserte 2. Version / Lebenslauf 1. Blatt (Kommentar Seite 57)

Sybille Lehmann   *Acherstr. 4   53111 Bonn   Tel. 0228 3456321   E-Mail sybillebonn@web.de*

	Qualifizierung
2008/2009	Referentin für regenerative Energien Dachverband der Windparks NRW, Bonn
2005	Ausbildereignungsprüfung; IHK Essen

	Studium, Ausland, Schule
1987–1994	Biologie-Studium an der Freien Universität Berlin Ökologie, Artenschutz; Abschluss: Diplom
1990/1991	Austauschstudium an der University of Florida, Gainesville, Florida (USA)
1973–1986	Grund- und Oberschule in Berlin; Abschluss: Abitur

	Familienmanagement
2008	Pflege meiner Mutter
1997–1999	Kindererziehung sowie ehrenamtliches Engagement
1995	Kindererziehung

	Kenntnisse, Fähigkeiten
EDV-Kenntnisse	MS-Office-Anwendungen, Datenbank, Grafik, Internet
Sprachen	Englisch, Französisch: fließend Italienisch: Grundkenntnisse
Sonstiges	Führerschein Klasse B

	Interessen
Hobbys	Klavier spielen, Badminton, Reisen
Engagements	Förderverein Kinderbauernhof Weichselplatz e.V., Elternvertretung und Mitarbeit in Schulgremien

Bonn, 12.02.2011

Sybille Lehmann

Sybille Lehmann / Verbesserte 2. Version / Lebenslauf 2. Blatt (Kommentar Seite 57)

Sybille Lehmann *Acherstr. 4 53111 Bonn Tel. 0228 3456321 E-Mail sybillebonn@web.de*

ANLAGEN

Arbeitszeugnisse

Solar 2000 GmbH, Bornheim

Bundesministerium für Wirtschaft, Bonn

- Wissenschaftliche Mitarbeiterin
- Sachbearbeiterin

Bundesamt für Naturschutz, Bonn

Förderverein Kinderbauernhof Weichselplatz e.V., Bonn

Zertifikate, Prüfungszeugnis

Referentin für regenerative Energien; Dachverband der Windparks NRW, Bonn

Ausbildereignung; IHK Essen

Diplom-Zeugnis der Freien Universität Berlin

Sybille Lehmann / Verbesserte 2. Version / Anlagenverzeichnis (Kommentar Seite 57)

Zu den Unterlagen von Sybille Lehmann

Version 1

Wir verzichten hier auf das Anschreiben und konzentrieren uns nur auf die Darstellung des beruflichen Werdegangs.

Oberflächlich betrachtet sieht der **»Lebenslauf«** mit dem außergewöhnlichen Foto (Hintergrund und Format) zunächst ganz gut aus. Aber in ihrer ersten Fassung weist Frau Lehmann den Leser förmlich auf ihre Patchwork-Karriere hin, indem sie alle Zeiträume monatsgetreu angibt: 11 Positionen in 15 Jahren, dazu kommen noch Studienpraktikum und -jobs, die sie bei ihrer Qualifikation nun wirklich nicht mehr erwähnen muss. Ungünstig wirkt auch die chronologische Darstellung, so steht die interessante derzeitige Tätigkeit erst auf Seite 2. Selbst Jobs und Familienphase werden vor der Berufspraxis erwähnt und erhalten auf diese Weise eine zu große Bedeutung.

Aus der Liste ihrer Ehrenämter (etwas altmodische Bezeichnung; Engagements klingt besser) kann man ersehen, wie engagiert die Bewerberin ist, aber auch, wie viel Zeit sie mit unbezahlter Arbeit verbringt – typisch für Frauen, die sich neben der Kindererziehung zwar einer weiteren erfüllenden Aufgabe zuwenden, dafür aber weniger ihre berufliche Karriere voranbringen. Schade, dass sie keine Hobbys angegeben hat, so könnte der Eindruck entstehen, ihre Familie sei ihr einziges Betätigungsfeld.

Und auch wenn wir das Foto schon positiv erwähnt haben, für eine PR-Referentin halten wir den nächsten Vorschlag für deutlich besser geeignet.

Version 2

überrascht mit einem **Deckblatt,** das grafisch besonders hervorgehobene Ausführungen zu der Frage »Was kennzeichnet meine Arbeitsweise?« liefert. Das ist kreativ und sicher nicht jedermanns Geschmack, aber für eine PR-Referentin durchaus angemessen. Darüber stehen die üblichen Angaben zu Empfänger und Absender.

Der **Lebenslauf,** der sehr gut ohne diese Überschrift auskommt, beginnt mit einem freundlichen, fast schon klassisch anmutenden Foto der Bewerberin. Hier ist nur ein ganz geringer Bild/Kopf-Anschnitt präsentiert worden. An der Kleidung hätte die Kandidatin sicherlich noch etwas verbessern können.

Die Zeiträume ihrer langjährigen Berufspraxis gibt sie nur mit Jahresdaten an, was mehrere kürzere Pausen geschickt verschleiert. Als beruflichen Hintergrund fasst sie zunächst ihre aktuellen Tätigkeiten unter der Kategorie »Solarwirtschaft« zusammen, wodurch sie ihre fachliche Kompetenz betont und von der kurzen Dauer ihrer Tätigkeiten geschickt ablenkt. Optisch sind ihre vielen Beschäftigungsverhältnisse auf vier zusammengeschrumpft. Was für ein Unterschied!

Diesmal vergisst die Kandidatin nicht, ihre Fortbildungen anzugeben, auch wenn sie sich nur auf die von längerer Dauer beschränkt. Die Erziehungszeiten führt sie zusammen mit der Pflege ihrer Mutter unter dem passenden Ausdruck »Familienmanagement« auf. In dieser Version kommen auch ihre persönlichen Interessen besser zur Geltung, die sich harmonisch in das Gesamtbild einfügen. Die Anlagenübersicht verstärkt diesen Eindruck.

Einschätzung

Trotz der schwierigen Voraussetzungen macht die zweite Bewerbungsversion einen kreativen, sehr soliden, vor allem aber viel überzeugenderen Eindruck – Frau Lehmanns Chancen auf eine Einladung zum Vorstellungsgespräch sind jetzt wesentlich gestiegen!

KEIN ROTER FADEN

Während viele Menschen in ihrem Arbeitsleben nur eine ganz bestimmte berufliche Richtung einschlagen, wechseln andere ein- oder zweimal die Branche, oder sie entwickeln sich durch qualifizierte Fortbildung weiter. Manchmal geschieht das so häufig, dass die Gemeinsamkeiten der verschiedenen Tätigkeiten schwerlich nachzuvollziehen sind. Das erfordert ein besonderes mentales Herangehen. Wo ist ein roter Faden zu erkennen? Stichworte sind beispielsweise: künstlerische oder räumliche Aspekte, das Maß an Verantwortung und Selbständigkeit, ungewöhnliche Aufgaben oder zeitliche Begrenzungen.

Was hilft?

Versuchen Sie also, **den gemeinsamen Aspekt** aller Tätigkeiten herauszufiltern: Machen Sie sich eine Checkliste mit Kriterien: fachlicher Bereich, Art des Unterstellungsverhältnisses, Arbeitsweise, Typ Arbeitgeber etc., und klopfen Sie jede Tätigkeit daraufhin ab. Die Suche nach dem gemeinsamen Nenner sollte natürlich maßgeblich davon geprägt sein, was in der angestrebten Position gefordert wird.

Wenn Sie das Gemeinsame festgestellt haben, dabei jedoch auf einige Ausnahmen stoßen, bezeichnen Sie diese etwas anders, damit die durchgehende Linie noch leichter erkennbar wird: Verstärken Sie Ihren selbst gesponnenen »roten Faden« mit Jobs, freiberuflichen Tätigkeiten, Praktika, Messebesuchen, Auslandsaufenthalten etc. Wichtig könnten auch Ihre **Interessen** oder **ehrenamtlichen Engagements** sein, da sie häufig den gleichen Aspekt widerspiegeln. Beispiel: Sie haben beruflich oft Dokumentationen schreiben müssen, privat verfassen Sie Lebensgeschichten Ihrer Verwandten.

Klar ist, dass Arbeitgeber einen roten Faden in der beruflichen Laufbahn suchen. Machen Sie ihnen nicht unnötig Arbeit, sondern stellen Sie die verbindenden Elemente Ihrer Tätigkeiten ganz (selbst)bewusst heraus!

Kommentiertes Beispiel

Julius Kaufmann
(Bewerbungsunterlagen auf Seite 59 ff.)
Nach einem abgebrochenen BWL-Studium betreibt der Kandidat (34) verschiedene Geschäfte und hält sich als Aushilfe, Reisebegleiter und Taxifahrer über Wasser. Seit zwei Jahren arbeitet er als Verkäufer in einer Buchhandlung. Er möchte seine kaufmännischen Kenntnisse gern im Team einer größeren Firma einbringen. Daher bewirbt sich Herr Kaufmann als Sachbearbeiter in der Buchhaltung. Nun muss er seine bisherige Laufbahn daraufhin abklopfen, was seine verschiedenen Tätigkeiten verbindet und für die aktuelle Bewerbung von Bedeutung ist.

Gefahren, die es bei der schriftlichen Darstellung Ihres beruflichen Werdegangs zu umschiffen gilt

- Zu wenig Zeit bei Vorbereitung und Datensammlung einzukalkulieren
- Nicht genug Recherche über Unternehmen und Arbeitsmarkt zu betreiben
- Zeitaufwand und Mühe zu unterschätzen, die es braucht, bis alles so auf dem Papier steht, wie es sein soll
- Zu außergewöhnlich kreative oder aber zu langweilige Darstellungen
- Zu schnelles Aufgeben, zu geringe Frustrationstoleranz
- An ganz kleinen dummen, auch formalen Fehlern zu scheitern
- Zu glauben, in jeder Branche herrschten die gleichen Stil- und Sprachregeln

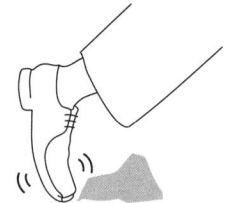

Lebenslauf

Persönliche Angaben

Julius Kaufmann

geboren am 6.5.1977 in Saalburg/Thüringen

verheiratet, ein Kind

Anschrift: Hauptstr. 5, 09115 Chemnitz
Telefon: 0381-8994567
E-Mail: juliuskauf@yahoo.de

Berufserfahrungen

2002 – 2004	An- und Verkauf von Schallplatten und CDs, Rosenheim
2004	Aushilfe bei Heino Winter, Webmaster, Nürnberg
2004 – 2005	Abrechnung für Regine Müller, Krankengymnastin, Erlangen
2006 – 2007	Taxifahrer für Günter Bischoff, Erlangen
2007 – 2009	Reisebegleitung bei Solana-Jugendreisen, Chemnitz
Seit 05/2009	Verkäufer in der Buchhandlung Theodor, Chemnitz

Studienzeit

1997 – 1998	Betriebsökonomie, Technische Universität Dresden
1999 – 2002	Betriebswirtschaftslehre, Fachhochschule Rosenheim (ohne Abschluss)

Schule, Wehrdienst, Reisen

1983 – 1995	Grund- und Oberschule in Saalburg Abschluss: Allgemeine Hochschulreife
1996	Grundwehrdienst in Oberwiesenthal
2002	Reisen durch Jugoslawien, Griechenland und Türkei

Weiterbildungskurse

2006	P-Schein
2008	Aufbaukurs für MS Office-Anwendungsprogramme
2009	Grundkurs in Regeln zur alphabetischen Katalogisierung RAK

Kenntnisse und Fähigkeiten

PC	Microsoft Windows 7, Word, Excel, Access, PowerPoint, Outlook, Html, Webpublishing
Sprachen	Englisch, Russisch
Führerschein	Klasse B, P-Schein

Hobbys

Snowboarden, Windsurfen, Drachenfliegen, Basteln,
mein kleiner Sohn, Modelleisenbahn, Musik

Chemnitz, 8.5.2011

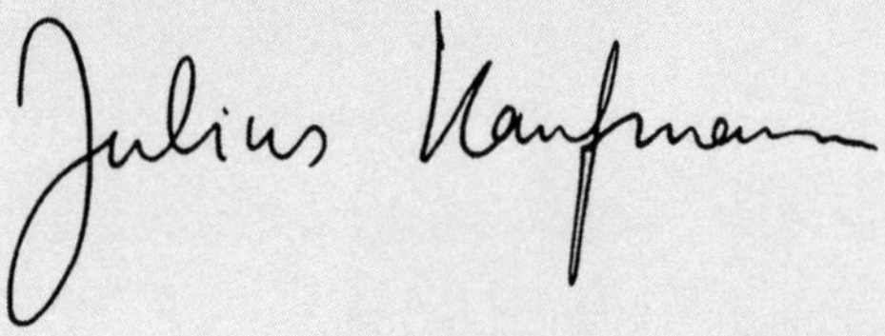

Julius Kaufmann / Schlechte 1. Version / Lebenslauf 2. Blatt (Kommentar Seite 64)

Bewerbung

Fallersberg GmbH

Sachbearbeiter in der Buchhaltung (Teilzeit)

Julius Kaufmann

Hauptstr. 5, 09115 Chemnitz

Telefon: 0381 8994567

E-Mail: juliuskauf@yahoo.de

Julius Kaufmann / Verbesserte 2. Version / Deckblatt (Kommentar Seite 64)

Lebenslauf

Persönliches

Julius Kaufmann

geboren am 06.05.1977 in Saalburg/Thüringen

verheiratet, ein Kind

Berufsweg

Seit 05/2009	Buchhandlung Theodor, Chemnitz (Modernes Antiquariat) – Verkauf – Mitwirkung beim Einkauf – Buchführung
2007 – 2009	Solana-Jugendreisen, Chemnitz – Reisebegleitung – Organisation und Werbung
2006 – 2007	Taxibetrieb Günter Bischoff, Erlangen – Fahrer – Assistenz bei Buchführung
2004 – 2005	Regine Müller, Krankengymnastin, Erlangen – Abrechnung für die Krankenkasse – vorbereitende Buchführung
2004	Heino Winter, Webmaster, Nürnberg – Unterstützung beim Webpublishing – Buchführung
2002 – 2004	An- und Verkauf von Schallplatten und CDs, Rosenheim

Studium

1999 – 2002	Betriebswirtschaftslehre Fachhochschule Rosenheim
1997 – 1998	Ökonomie/Wirtschaft Technische Universität Dresden

Julius Kaufmann / Verbesserte 2. Version / Lebenslauf 1. Blatt (Kommentar Seite 64)

Kurse

	2009	Grundkurs in Regeln zur alphabetischen Katalogisierung RAK
	2008	Aufbaukurs für MS Office-Programme
	2007	Datev-Einführungskurs
	2006	P-Schein
	2003	Rettungssanitäter-Lehrgang, Johanniter-Unfallhilfe

Schule etc.

	2002	mehrmonatige Reise durch SO-Europa
	1996	Grundwehrdienst in Oberwiesenthal
	1983 – 1995	Grund- und Oberschule in Saalburg Abschluss: Allgemeine Hochschulreife

Fähigkeiten

	PC	Microsoft Windows 7, Word, Excel, Access, PowerPoint, Outlook, HTML, Datev, Frontpage
	Sprachen	Englisch: gut in Wort und Schrift Russisch: Schulkenntnisse
	Führerschein	Klasse B, P-Schein

Interessen

	Engagements	Eltern-Initiativ-Kindertagesstätte Bären e. V. Vorstandstätigkeit inkl. Buchführung
		Johanniter-Unfallhilfe Sanitäter bei Großveranstaltungen
	Hobbys	Snowboarden, Modelleisenbahn, Jazz-Musik

Chemnitz, 08.05.2011

Julius Kaufmann

Julius Kaufmann / Verbesserte 2. Version / Lebenslauf 2. Blatt (Kommentar Seite 64)

Zu den Unterlagen von Julius Kaufmann

Version 1

Der junge Mann hat beruflich schon einiges ausprobiert. In der ersten Version (hier ohne Anschreiben) präsentiert er seine vielseitigen Berufserfahrungen leider so wenig strukturiert, dass ein Personaler Schwierigkeiten haben dürfte, den roten Faden zu erkennen. Der Bewerber führt keine Schwerpunkte an und erwähnt auch seine Interessen nur unvollständig. Selbst bei den Weiterbildungen vergisst er den wichtigen Datev-Kurs.

Seine Unterlagen wirken insgesamt ordentlich, aber langweilig, und die Seite ist etwas zu voll geraten. Die Zwischenüberschriften heben sich nicht genügend ab. Das Foto ist relativ klein, der Kandidat unpassend angezogen. So bekommt man keinen Eindruck von seiner interessanten Persönlichkeit.

Herr Kaufmann gibt zwar, wie wir empfehlen, zunächst seine Berufspraxis an und dann erst Studienzeit, Schule etc. Er verwirrt den Leser aber dadurch, dass er innerhalb dieser Blöcke mit den älteren Daten beginnt. Etwas ungeschickt weist er deutlich auf sein nicht abgeschlossenes Studium hin.

Version 2

Diese besticht durch das interessant gestaltete **Deckblatt.** Hier findet auch das sehr ansprechende, querformatige Foto einen würdigen Platz. Was für ein Hingucker! Nicht nur der Bewerber wirkt viel interessanter und ist jetzt auch angemessen gekleidet (alles sicher auch Geschmackssache), selbst der Hintergrund des Fotos zieht die Aufmerksamkeit des Betrachters auf das Bild. So verweilt das Auge länger – und das hilft!

Im folgenden **Lebenslauf,** locker aufgeteilt auf zwei Seiten, präsentiert der Bewerber seine Daten optisch recht ansprechend: Die erste Spalte enthält nur die Überschriften der Kategorien (die deswegen bewusst kurz gehalten sind), die zweite die Zeitangaben, die dritte die Inhalte.

Unter »Berufsweg« erläutert der Kandidat seine praktischen Erfahrungen nun so, dass die Gemeinsamkeit sichtbar wird: Immer hatte er mit Buchführung bzw. mit kaufmännischen Fragestellungen zu tun, wenn auch in verschiedenen Geschäftsfeldern. Sein immerhin vier Jahre betriebenes Studium wertet seine Qualifikation auf, obwohl er es nicht abgeschlossen hat. Geschickt verzichtet er darauf, auf diesen Umstand ausdrücklich hinzuweisen.

Bei den Kursen, die der Kürze wegen nicht als Fortbildungen bezeichnet werden, gibt er in dieser Version auch seinen Datev-Kurs an. Die Ausbildung als Rettungssanitäter sagt, ergänzt um den engagierten Einsatz bei Großveranstaltungen, viel über seine Persönlichkeit aus. Hier erfahren wir auch endlich, dass er im Vorstand eines Kinderladens Verantwortung übernimmt, indem er das Kassenbuch führt. Seine Hobbys hat Herr Kaufmann auf diejenigen reduziert, die für die angestrebte Tätigkeit relevant sind, und das gefährliche Drachenfliegen weggelassen.

Einschätzung

Mit der zweiten Version hat der Bewerber elegant seine Unstetigkeit, vielleicht auch eine gewisse Ziel- oder Perspektivlosigkeit »übertüncht« und dürfte so als Kandidat durchaus in Frage kommen. Das wesentlich verbesserte Foto spielt dabei bestimmt auch eine wichtige, unterstützende Rolle.

---

3. Lerntest: Ihr Wissensstand über die Gestaltung Ihrer Bewerbung
(Achtung! Es können mehrere Antworten richtig sein.)

Welche Hauptaufgabe haben Ihre Bewerbungsunterlagen (egal ob klassisch schriftlich oder elektronisch)?

Sie sollen vor allem...

a) überzeugen
b) beeindrucken
c) eine Einladung zum Vorstellungsgespräch bewirken
d) eine Kontaktaufnahme mit Ihnen (Telefon, Mail, SMS) bewirken

Die richtige Lösung finden Sie auf Seite 82.

Lösung 2. Lerntest: Richtig sind die Antworten d und e, wobei e einen besonders wichtigen Aspekt anspricht.

ZU LANGE VERWEILDAUER

Was passiert, wenn Sie mit knapp über 40 bereits lange Jahre in derselben Firma arbeiten und sich dann verändern wollen? Ihr Lebenslauf enthält in diesem Fall unter der Kategorie Berufspraxis nur eine bis drei Positionen, von denen die aktuelle schon zehn oder mehr Jahre andauert. Der potenzielle Arbeitgeber könnte vermuten, dass Sie ängstlich sind, zu lange zögerten, sich einen neuen Arbeitsplatz zu suchen: Sie genossen die Job-Vorteile, wollten sich nicht dem Stress einer Arbeitsplatzsuche und Bewerbung aussetzen. Er könnte annehmen, dass Sie weitgehend immer die gleiche Tätigkeit ausüben und sich beruflich nicht viel weiter entwickelten. Sie richteten sich an Ihrem Arbeitsort quasi häuslich ein und sind daher nicht besonders flexibel. Außerdem haben Sie lange Kündigungszeiten (im öffentlichen Dienst unter Umständen sechs Monate) und können daher die meisten ausgeschriebenen Stellen nur unter schwierigen Umständen antreten.

Was hilft?

Gehen Sie umgekehrt vor wie der »Häufigwechsler«: Stellen Sie mehrere Funktionen im selben Unternehmen so dar, dass zumindest optisch der Eindruck entsteht, Sie hätten Positionen bei diversen Arbeitgebern ausgefüllt. Geben Sie verschiedene und zusätzliche Aufgaben an, wie die zeitweilige Übernahme von Verpflichtungen für eine andere Abteilung oder ein besonderes Engagement, beispielsweise im Sozialwesen. Erwähnen Sie, wenn möglich, Veränderungen Ihres Einsatzortes, um Ihre räumliche Flexibilität zu unterstreichen.

Kommentiertes Beispiel

Horst Roderich
(Bewerbungsunterlagen auf Seite 66 ff.)

Herr Roderich bewirbt sich als Führungskraft bei einem internationalen Pharmakonzern im Raum Rhein/Main. Mit seinem außergewöhnlichen Doppelstudium (Automatisierungstechnik und Informatik) könnte der Bewerber zum kleinen Kreis der chancenreichen Kandidaten gehören. Der 42-Jährige arbeitet seit 14 Jahren als Entwicklungsingenieur beim Konzern ABB. Während des Studiums war er insgesamt fünf Jahre lang bei einer Braunschweiger Firma im Softwarebereich teilzeitbeschäftigt. Aus Sicht eines potenziellen neuen Arbeitgebers arbeitet er schon (fast ein wenig) zu lange beim selben Unternehmen. Daher muss er seine derzeitige Position nach Aufgabenbereichen aufsplitten, um Flexibilität zu demonstrieren.

Curriculum Vitae

Horst Roderich

Diplom-Automatisierungstechniker
und Diplom-Informatiker

Breite Str. 33
D-68202 Mannheim

Tel. +49 621 2163597

geboren am 27.01.1969 in Halle

verheiratet, 1 Kind

Bisherige Tätigkeiten

seit 1998	ENTWICKLUNGSINGENIEUR FÜR PROJEKTKOORDINATION UND SOFTWAREENTWICKLUNG ABB AG, BEREICH INFORMATIONSMANAGEMENT, Mannheim
davon: seit 2008	Fachliche Planung und Koordination eines Softwareprojektes: PC-basierte Anzeige- und Parametriersoftware für Messsysteme im industriellen Einsatz
2004–2006	Anleitung und Koordinierung von Mitarbeitern im Rahmen eines ressourcengesteuerten Projektmanagements. Outsourcing von Teilen des Entwicklungsprojektes, Aussteuerung der beteiligten Fremdfirmen
2002, 2003	Design der Bedienoberfläche in Zusammenarbeit mit dem Marketing, Konzeption einer objektorientierten Software-Architektur, Implementierung von Kernteilen
seit 2001	Projektübergreifende Aktivitäten bei der Schaffung von Standards für allgemeine Bedienoberflächen im Geschäftsbereich
1999	Einführung eines PC-Netzwerkes in der Entwicklungsabteilung (für 50 P.) in Zusammenarbeit mit der IT-Abteilung, Schulung und Support der Mitarbeiter

Horst Roderich / Lebenslauf 1. Blatt (Kommentar Seite 69)

1997–1998	SOFTWARE-ENTWICKLER SOWIE PRODUKTBETREUER STEINBECK AG, Braunschweig (kontinuierliche Teilzeitbeschäftigung)
	Produktbetreuung (PC-Interface-Karte und zugehörige Treibersoftware) Design, Implementierung, Test von Softwareschichten für die Kommunikation in der Mess-/Automatisierungstechnik im industriellen Einsatz, Dokumentation dieser Schichten für die Anwendungsprogrammierung
1992–1994	WERKSTUDENT FÜR SOFTWARE-IMPLEMENTIERUNG/-TEST STEINBECK AG, Braunschweig (kontinuierliche Teilzeitbeschäftigung)
	Implementierung und Test von Programmmodulen für ein auto- matisiertes Lager- und Transportsystem auf Prozessrechnerbasis
1991	PRAKTIKANT (FEINMECHANISCHE GRUNDAUSBILDUNG) GERBER GMBH, Hannover

Weitere Aktivitäten

diverse Zeiten (1994–98)	(FREIBERUFLICHE) BERATENDE TÄTIGKEITEN ZUR ANWENDUNG VON GROSSDATENBANKEN BEI VERSCHIEDENEN FIRMEN/ORGANISATIONEN: TECHNISCHE UNIVERSITÄT, LANDESGESCHÄFTSSTELLE EINES BERUFSVERBANDES, GESCHÄFTSSTELLE EINER RECHTSFÄHIGEN STIFTUNG
	Beratung in Fragen der Datenstrukturierung und -organisation Unterstützung beim Einsatz von Office-Applikationen Einweisung in den Umgang mit dBase im Büro

Aufbaustudium

2004/SS	Abschluss mit Diplom als Automatisierungstechniker
2003/WS	Diplomarbeit in Prozessrechnertechnik
seit 2000/WS	Studium der Automatisierungstechnik an der Fachhochschule Mannheim, parallel zum Beruf als Abendstudium

Hochschulstudium

1998/SS	Abschluss des Studiums als Diplom-Informatiker
1997	Diplomarbeit über Künstliche Intelligenz
seit 1991/WS	Studium der Informatik an der Technischen Universität Braunschweig

Horst Roderich / Lebenslauf 2. Blatt (Kommentar Seite 69)

Schulausbildung

1984–1991	Gymnasium in Hannover
	Allgemeine Hochschulreife
1975–1983	Grund- und Oberschule in Halle-Neustadt

Besondere Kenntnisse und Fähigkeiten

Sprachen
: Englisch: fließend in Wort und Schrift
Russisch: Schulkenntnisse

IT-Bereich
: Erfahrung im Umgang mit:
Projektplanung
Standard MS-Office-Anwendungen
Oracle, Adabas, OAS und SQL, C++ und MFC, Java

Weitere Kenntnisse in:
Software-Entstehungszyklus (Analyse, Design, Implementierung, Test)
Objektorientierung in Analyse, Design und Implementierung
Configuration Management Tools

Persönliche Interessen

Wissenschaft allgemein, Mitgliedschaften in
»Gesellschaft für Informatik«
»Andromeda-Sternwarte e. V.«
Gemeinsame Unternehmungen mit Freunden (kulturelle Ereignisse)
Schwimmen, Tischtennis

Mannheim, 12.01.2011

Horst Roderich

Horst Roderich / Lebenslauf 3. Blatt (Kommentar Seite 69)

Zu den Unterlagen von Horst Roderich

Bei diesem Beispiel stellen wir Ihnen nur die **verbesserte Version** ohne Anschreiben vor.

Der Bewerber unterteilt die über 13-jährige Beschäftigung beim derzeitigen Arbeitgeber geschickt in verschiedene Blöcke, sodass die Zeiträume optisch hervortreten. Natürlich ist wohl fast jeder Beschäftigte für mehrere Aufgaben zuständig, die er nicht zur gleichen Zeit bearbeitet – bei Herrn Roderich ist aber eine deutliche Entwicklung zu höherem Anspruchsniveau und mehr Verantwortung gut erkennbar. Mit der Angabe von freiberuflichen Tätigkeiten, Engagements und Hobbys betont er seine vielseitige, flexible Persönlichkeit.

Schon das äußere Erscheinungsbild fällt positiv auf: Bei der Auflistung der bisherigen Tätigkeiten »spielt« der Bewerber mit so genannten Kapitälchen, um Textblöcke voneinander abzusetzen. Bei geringer Schriftgröße (eventuell unbequem für ältere Leser!) ist die Präsentationsform gefällig, zum Beispiel bei den persönlichen Daten. Sie beginnt auf die amerikanische Art mit den interessanten Informationen zur aktuellen Berufstätigkeit.

Die Entscheidung für einen recht ausführlichen Lebenslauf auf drei Seiten – trotz der langen Verweildauer bzw. gerade deswegen – ist bei der interessanten Laufbahn des Kandidaten durchaus angemessen. Zudem überspielt er damit geschickt die geringe Anzahl verschiedener Arbeitsverhältnisse.

Hätten wir hier zusätzlich Deckblatt und Anlagenverzeichnis, eventuell sogar eine Dritte Seite, wäre diese Version vielleicht noch etwas »runder«. Sie macht aber auch so einen sehr guten Eindruck. Eine Dritte Seite ist also nicht immer notwendig.

Bemerkenswert ist das Foto. Der gewählte Anschnitt, vor allem aber die »Hand mit Brille«, schaffen eine unverwechselbare Atmosphäre.

Einschätzung

Eine großzügig gestaltete Präsentation, die die Qualitäten des Bewerbers auf vorteilhafte Weise herausstellt und die kritische Überlegung, er habe vielleicht zu lange bei ein und demselben Arbeitgeber gearbeitet, vergessen lässt.

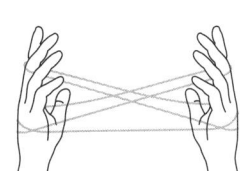

WIEDEREINSTIEG NACH EINER AUSZEIT

Manche »Lücken« müssen Sie nur umbenennen oder ergänzen. **Erziehungszeiten** sollten Eltern, meist immer noch die Mütter, nicht verschweigen, sondern selbstbewusst als »**Familienmanagement**« oder Ähnliches darstellen, eventuell ergänzt um ehrenamtliches Engagement und/oder eine berufliche Fortbildung. Gleiches gilt für die aufopferungsvolle Pflege von Familienangehörigen – warum sollte man diese nicht **Pflegemanagement** nennen?

Bei **Auslandsaufenthalten**, egal ob privat motiviert oder zu Studienzwecken, wegen eines Praktikums oder aus beruflichen Gründen, haben Sie sicherlich Sprachkenntnisse erworben oder Sie stellen dies wenigstens so dar.

Den **Wehr- oder Ersatzdienst** können Sie durch Team- und soziale Erfahrungen aufwerten, die Sie während dieser Zeit intensiv gesammelt haben.

Private Auszeiten, wie sie bei dem einen oder anderen gelegentlich frei- oder unfreiwillig vorkommen, sollten erklärt werden, wenn sie einen Zeitraum von mehr als drei Monaten einnehmen. Wenn Sie z. B. einen **Schicksalsschlag** hinnehmen mussten, wie eine dramatische Trennung mit Ortswechsel oder den Tod eines nahen Angehörigen, ist es nachvollziehbar, dass Sie eine Weile keine Arbeit aufgenommen haben.

Was hilft?

Einige Phasen sollten Sie besser verschweigen bzw. anders benennen. Als Erklärung für diese Lücken im Lebenslauf geistert neben dem Gespenst der Arbeitslosigkeit auch noch so einiges andere durch die Köpfe der Personalauswähler. Um sich vor »Missgriffen« bei neuen Beschäftigten zu schützen, suchen sie stets nach Indizien für Auffälligkeiten.

Dabei gibt es viele Möglichkeiten, einen Zeitraum ohne Festanstellung mit sinnvollen Tätigkeiten zu beschreiben, wie **Fortbildung**, **selbständige oder ehrenamtliche Arbeit**. Auch ein intensives Engagement für den Betriebsrat, so wertvoll es sein mag, verunsichert potenzielle neue Arbeitgeber und bedarf der beruhigenden Erklärung.

»Lücken« wegen Erkrankungen (egal ob körperliche wie Krebs, psychische wie Depression, Angstattacken oder Sucht-Erkrankung) brauchen und **sollten Sie nicht angeben**. Formulieren Sie Ihre Erklärungen so, dass sie plausibel klingen und nicht ohne Weiteres anzuzweifeln sind, geben Sie beispielsweise Weiterbildungen oder freiberufliche Tätigkeiten an. Selbst schwerste Krankheiten gehen Ihren Arbeitgeber nichts an, wenn sie völlig oder fast überwunden sind.

Auch **Freiheitsstrafen** und Vorstrafen sind Ihre ganz persönliche Angelegenheit, wenn Sie Ihre Strafe abgebüßt haben. Kürzere Gefängnisaufenthalte verschweigen Sie am besten, für längere müssen Sie sich besonders gute, schwer nachprüfbare Ausreden einfallen lassen – oder ehrlich sein.

Besonders, wenn Sie schon auf eine lange Berufserfahrung zurückblicken können, interessieren bei Ihrem Lebenslauf **nicht mehr Tage oder Monate**, sondern nur Jahre. Lediglich die letzte Zeit, also zwei bis fünf Jahre, sollten Sie mit Monatsangaben kennzeichnen, sofern nicht gerade in dieser Zeit besonders viele Lücken aufgetreten sind.

Sie müssen **nicht alle Phasen chronologisch darstellen**, sondern können sie kategorisieren, z. B. »Tätigkeiten zwischen Abitur und Studium« oder »Selbständige Tätigkeiten«. Dadurch können Personaler die zeitliche Abfolge nicht so ganz einfach nachvollziehen und **»Lücken« fallen weniger auf**.

KINDERERZIEHUNG

Obwohl Frauen bei der Kindererziehung enorm viel leisten und lernen, stellen sie das in ihrer Bewerbung selten so dar. Machen Sie sich bewusst: Sie erwerben oder stärken in der Mutterrolle unter anderem auch Ihre **Sozialkompetenzen** Belastbarkeit, Organisations- und Koordinationsvermögen, Frusttoleranz und Flexibilität.

Was hilft?

Verkaufen Sie sich entsprechend! Ergänzen Sie die Erziehungszeiten um freiberufliche Tätigkeiten oder Engagement in einem fachlich passenden Bereich, um eine Aus- oder Fortbildung (vor allem Sprach- und Computerkurse), oder schreiben Sie, dass Sie im Familienbetrieb mitgeholfen haben.

Bleiben Sie glaubwürdig – Ihre Aussagen müssen nachvollziehbar, aber möglichst nicht nachprüfbar sein, falls Sie etwas »dick aufgetragen« haben.

Kommentierte Beispiele

Elvira Bader

(Bewerbungsunterlagen auf Seite 72 ff.)

Hier geht es um eine 36-jährige Frau mit einfacher Berufsausbildung, die nach einer recht langen Pause wieder arbeiten möchte. Die gelernte Schuhverkäuferin arbeitete mehrere Jahre in ihrem Beruf, sowie nach dem familiär bedingten Umzug bis zur Geburt des ersten Sohnes als Aushilfsverkäuferin. Nach über zehn Jahren zu Hause bewirbt sie sich nun um einen Job als Supermarkt-Aushilfsverkäuferin.

Die Anzeige lautete:

Für den Supermarkt Kaufland
suchen wir ab sofort eine freundliche,
zuverlässige

Aushilfsverkäuferin

für ca. 15 Std./Woche,
gelegentlich auch für die Spätschicht.

Bewerbungen mit Lebenslauf und Foto an:
Supermarkt Kaufland
Am Wall 4 • 61273 Wehrheim

Christina Clement

(Bewerbungsunterlagen auf Seite 78 ff.)

Die Offset-Druckerin ist hochqualifiziert und berufserfahren. Sie befindet sich seit mehreren Jahren in der Elternzeit – das ist in ihrem Bereich, in dem die technische Entwicklung schnell voranschreitet, recht lang. Da ihr Arbeitgeber demnächst wegzieht und sie aus familiären Gründen an ihrem Wohnort bleiben will, bewirbt sich Frau Clement (30) bei einem kleineren Betrieb der Kunststoffverarbeitung als Assistentin des Geschäftsführers. Damit ist vielleicht sogar die Aussicht verbunden, mittelfristig den Betrieb zu übernehmen.

Sie bewirbt sich auf folgende Stellenausschreibung:

**ASSISTENT/IN
DES GESCHÄFTSFÜHRERS**

---

für Verpackungs-Druckereibetrieb
(14 Beschäftigte) gesucht; mittelfristig
besteht die Möglichkeit der Geschäftsübernahme.

Erforderlich sind

- Fachkenntnisse und Berufspraxis im Flachdruck
- Solide betriebswirtschaftliche Kenntnisse
- Unternehmergeist, Verhandlungsgeschick
- Kenntnisse in Personalführung und Arbeitsrecht
- Erfahrung als Ausbilder, möglichst mit Berechtigung

Bewerbung an: Druckerei Zöller,
Am Hufnagel 1, 88498 Riedlingen
Internet: www.zoellerdruck.de

Vorsicht! Schlechte 1. Version

An den Supermarkt Kaufland
Am Wall 4
61273 Wehrheim

von Frau Elvira Bader
Dorfstr. 3
61273 Wehrheim

Liebe Mitarbeiter!

Ich habe im Stadtanzeiger gelesen, dass Sie eine Aushilfe suchen. Nun möchte ich mich gerne für diesen Job bewerben. Ich kann sofort loslegen, da ich ja wegen der Kinder seit geraumer Zeit bereits schon ohne Arbeit bin!

Ich bin 36 Jahre alt und habe mal Verkäuferin in einem Schuhgeschäft gelernt. Dann habe ich noch 3 Jahre dort gearbeitet. Das hat mir im Prinzip dort gut gefallen, obwohl es auch gelegentlich mal Probleme gab.

Dann sind wir nach Wehrheim umgezogen und da habe ich 2 Jahre ab und zu in einem Schnäppchenmarkt gearbeitet. Als ich meinen Sohn bekam und 3 Jahre später meine Tochter, bin ich zu Hause geblieben.

Ich bin pünktlich, ich arbeite fleißig wie eine Biene und ich bin meist nett zu den Kunden. Es ist gut, wenn Sie mich nur als Aushilfe brauchen, denn dann habe ich immer noch Zeit für die Kinder!

Allerherzlichste Grüße von Ihrer Elvira Bader

Wehrheim, den 14. Januar 2011

Elvira Bader / Schlechte 1. Version / Anschreiben (Kommentar Seite 76)

<u>Lebenslauf von Elvira Bader, geb. Arndt, wohnhaft in 61273 Wehrheim, Dorfstr. 3</u>

Mein Foto:

Geburt: am 8. Mai 1974 in Hanau
Vater: Klaus Arndt, Bäckermeister, 1987 gestorben
Mutter: Maria Arndt, Hausfrau

3 jüngere Geschwister
Religion: katholisch

Karl-Herz-Grundschule von August 1980 bis Juli 1984
Mühlenberg-Hauptschule von Aug. 1984 bis Juni 1990

Ausbildung als Verkäuferin im Schuhgeschäft Alter von Sept. 90 bis Juni 93

Arbeit im Schuhgeschäft Alter von Juli 1993 bis August 1996 als Verkäuferin

Hochzeit mit Bert Bader, Fabrikarbeiter, am 19. August 1996 in Friedberg

Arbeit als Aushilfe im Schnäppchenmarkt Super vom 1. September 1996 bis zum 31.8.1998

Seitdem: Kindererziehung

Geburt von Dennis: 3.11.1998

Geburt von Luisa: 5.1.2001

Elvira Bader / Schlechte 1. Version / Lebenslauf (Kommentar Seite 76)

Elvira Bader
Dorfstr. 3
61273 Wehrheim
Telefon: 06081 24534

Geschäftsführer Herrn Müller
Supermarkt Kaufland
Am Wall 4
61273 Wehrheim   Wehrheim, 14.01.2011

Ihre Anzeige im Stadtanzeiger vom 12.01.2011
– Aushilfsverkäuferin –

Sehr geehrter Herr Müller,

mit großem Interesse habe ich Ihre Anzeige gelesen.
Den Supermarkt Kaufland schätze ich sehr als Kundin. Er ist für mich gut erreichbar.
Daher fühle ich mich jetzt bestärkt, Ihnen heute meine Bewerbungsunterlagen zu schicken.

Zu meiner Person:
Ich habe Schuhverkäuferin gelernt und auch als Aushilfsverkäuferin längere Zeit in einem
Schnäppchenmarkt in Wolfenbüttel gearbeitet.

Freundlichkeit, Pünktlichkeit, Fleiß und Vertrauenswürdigkeit gehören zu meinen wichtigsten Eigenschaften. Zeitlich bin ich flexibel und bereit, auch in der Spätschicht zu arbeiten.
Ich kann relativ kurzfristig anfangen.

Nach einer längeren Erziehungspause, die ich auch zur persönlichen Fortbildung nutzte,
möchte ich gern wieder in meinen Beruf als Verkäuferin zurückkehren.

Dabei ist mir eine Teilzeittätigkeit besonders angenehm, weil mir dann noch genügend Zeit
für die Kinderbetreuung bleibt.

Über eine Einladung zu einem Gespräch freue ich mich.

Mit freundlichen Grüßen

Elvira Bader

Anlagen: Lebenslauf, Zeugnisse

Elvira Bader / Verbesserte 2. Version / Anschreiben (Kommentar Seite 76)

LEBENSLAUF

Persönliche Daten

Elvira Bader

Dorfstr. 3, 61273 Wehrheim
Tel: 06081 24534
geboren am 08.05.1974 in Hanau
Familienstand: verheiratet, 2 Kinder (12 u. 10 Jahre alt)

Schul- und Berufsausbildung

08/1980–08/1990	Grund- und Hauptschule in Hanau
09/1990–06/1993	Ausbildung als Verkäuferin in Hanau; Abschlussnote: gut

Berufspraxis

07/1993–08/1996	Verkäuferin im Schuhgeschäft Alter, Hanau
09/1996–08/1998	Aushilfsverkäuferin im Schnäppchenmarkt, Wolfenbüttel

Familienzeit

Seit 09/1998	Betreuung meiner beiden Kinder

Fortbildung

05/2007	Umgang mit automatischen Registrierungssystemen Volkshochschule Friedberg

Interessen

Töpfergruppe mit Freundinnen, Familienausflüge

Wehrheim, 14.01.2011

Elvira Bader

Elvira Bader / Verbesserte 2. Version / Lebenslauf (Kommentar Seite 76)

Zu den Unterlagen von Elvira Bader

Version 1

Dieses **Anschreiben** ist eindeutig unzureichend. Sympathisch ist allenfalls die naive Ehrlichkeit der Kandidatin. Schon der Beginn ist fehlerhaft, weil der Absender (in dem die Telefonnummer vergessen wurde) nicht an die zweite Stelle, sondern ganz nach oben gehört (und zwar ohne die Zusätze »An den ...« sowie »von«). Ort und Datum fehlen an dieser Stelle, sie befinden sich erstaunlicherweise erst ganz unten in der letzten Zeile. Frau Bader verwendet eine völlig inakzeptable Anredeform.

Der Text wirkt zwar auf den ersten Blick ordentlich gegliedert und ist daher schnell lesbar. Der ständige Satzbeginn mit »ich« klingt jedoch nicht nur plump, sondern nervt. Der zweite Satz ist in der Möglichkeitsform gehalten, was als deutliche Unsicherheit der Bewerberin ausgelegt werden kann. Einige Formulierungen, wie »Job« und »... sofort loslegen ...«, gehören besser nicht in ein Bewerbungsanschreiben, ebenso wenig wie die Ausbreitung ihrer Motive (Kindererziehung).

Die Angabe des Alters ist nicht notwendig, da sie nicht ausdrücklich in der Anzeige abgefragt wird. Nun folgen direkt drei Sätze hintereinander, von denen zwei mit »dann« beginnen. Die Angabe von Zahlen (noch dazu als Ziffer, nicht als Wort) fällt in mehreren Sätzen unangenehm auf.

Die Bemerkung von Frau Bader, dass es »auch mal Probleme gab«, löst beim Leser dieser Bewerbung sicherlich ungünstige Assoziationen aus. Sehr unglücklich getextet!

Nun beschreibt Frau Bader ihre Eigenschaften mit »fleißig wie eine Biene«. Das klingt sehr kindlich, fast naiv. »Ich bin meist nett zu den Kunden« lässt vermuten, dass sie auch »anders kann«.

Die Grußformel passt hier überhaupt nicht (viel zu persönlich) und die Unterschrift sollte darunter stehen statt daneben. Die Ort- und Datumszeile gehört an den Anfang des Schreibens. Der Hinweis auf Anlagen fehlt in dieser Bewerbung völlig.

Bevor wir vom **Lebenslauf** auch nur eine Zeile gelesen haben, sind wir mit einem Foto konfrontiert, das uns eine kritisch über den Rand ihrer Brille schauende Bewerberin zeigt. Beflügelt Sie das? Sicherlich nicht. Ein im ganzen Ausdruck leider sehr unvorteilhaftes Foto.

Aber auch nach einem weiteren Blick auf den Lebenslauf hätte Frau Bader kaum Chancen: schlecht strukturiert, kein tabellarischer Aufbau (wie allgemein üblich), schlechte Formulierungen.

Die Angabe von Eltern und Geschwistern sollte, ebenso wie die Konfession, entfallen.

Frau Bader hat alle Informationen in fortlaufenden Zeilen untergebracht, sodass man den Zeitraum suchen muss, und diese Zeiten sind auch noch unterschiedlich angegeben (mal »1989«, mal »89«, mal ein taggenaues Datum). Auch die Angaben zur Art der Tätigkeit und dem jeweiligen Ort sind unterschiedlich angeordnet.

Die Hochzeit der Bewerberin gehört nicht in diesen Ablauf – die Angabe bei den persönlichen Daten »Familienstand: verheiratet« sowie eventuell das Alter der Kinder reichen völlig aus. Wann genau die Kinder geboren wurden und wie sie heißen, ist eher uninteressant. Frau Bader hat Ort, Datum sowie ihre Unterschrift vergessen. Erschreckend dieses Beispiel, aber doch nicht so selten, wie man es vielleicht glauben möchte!

Version 2

Sicherlich ist das **Anschreiben** nicht ganz perfekt, aber es macht insgesamt doch einen recht guten Eindruck, da es ordentlich gegliedert, geschickter formuliert und fehlerfrei getippt wurde. Vor allem aber steht die Kindererziehungs-Auszeit hier nicht so im Vordergrund.

Im Adressblock ist jetzt alles richtig gemacht worden, wenn auch nicht besonders einfallsreich, was die Gestaltung betrifft. Die Bewerberin hat sich nach dem Ansprechpartner für die Bewerbung erkundigt und ihn im Adressblock ganz nach oben gesetzt: Jetzt dürfte eigentlich nur er das Schreiben öffnen.

Durch die direkte Ansprache kommt zum Ausdruck, dass die Bewerberin das Geschäft und die Verkehrsanbindung kennt und wahrscheinlich bei dieser Gelegenheit den Namen des Geschäftsführers erfragt hat. Frau Bader stellt kurz und überzeugend dar, warum sie für diese Tätigkeit geeignet ist, und betont die Eigenschaften, die in der Anzeige erwähnt wurden. Sie gibt außerdem an, wie sie neben der Kindererziehung durch eine Fortbildung versucht hat, fachlich auf dem Laufenden zu bleiben. Die Wortwahl und Ausdrucksweise sind gut und abwechslungsreich. Es spricht für die Bewerberin, ihre Erfahrung als Aushilfs- bzw. Teilzeitmitarbeiterin in einem Schnäppchenmarkt zu erwähnen.

Der Abschiedssatz klingt zuversichtlich, die Grußformel ist korrekt und die Anlagen sind – sogar vollständig – angegeben worden.

Der **Lebenslauf** macht einen soliden, übersichtlichen Eindruck, auch wenn er sehr einfach gehalten ist. Die inhaltlichen Blöcke sind durch genügend Abstand voneinander getrennt.

Bei den persönlichen Daten finden sich Name und Anschrift, ebenso wie Geburtsdatum und -ort sowie der Familienstand. Das Foto ist ausreichend groß und an einer passenden Stelle angebracht. So wirkt die Bewerberin schon eher sympathisch. Die Informationen zu Schule, Ausbildung, Berufspraxis und Fortbildung hat Frau Bader in tabellarischer Form dargestellt: Dabei enthält die erste Spalte die Zeitangabe des Monats und Jahres, die andere Spalte den Inhalt in gleich bleibender Reihenfolge (Tätigkeit und Ort).

Für einen perfekten Lebenslauf hätte Frau Bader noch einen Block »Besondere Kenntnisse« einfügen können, allerdings nur, wenn sie Entsprechendes vorzuweisen hat, z. B. Fremdsprachen, PC-Kenntnisse oder Führerschein. Es lohnt sich kaum, diese Kategorie ausschließlich für ihren Volkshochschulkurs anzulegen, obwohl er inhaltlich dazugehören würde.

Die Angabe von Interessen vermittelt ein umfassendes Bild der Bewerberin: Wer regelmäßig mit Freundinnen töpfert, ist in der Lage, mit Kolleginnen zusammenzuarbeiten (Teamfähigkeit). Auch Familienausflüge belegen dies und erwecken den Eindruck, dass Frau Bader gut in Form ist. Diesmal finden wir einen korrekten Abschluss mit Ort, Datum und Unterschrift.

Einschätzung

Was für ein Unterschied zwischen den beiden Versionen! Frau Bader hat zwar lange ausgesetzt, sich aber in vielerlei Hinsicht fit gehalten, auch darin, wie man Bewerbungen schreibt! So traut man ihr zu, sich in eine einfache Tätigkeit leicht und schnell einzuarbeiten.

Weitere Vorher-Nachher-Beispiele finden Sie auch unter www.berufsstrategie-plus.de.

Speziell ein Wort für Frauen mit Kindern

Erstellen Sie eine Liste der Fähigkeiten, die Sie sich zusätzlich im Umgang mit Kindern oder auch mit zu versorgenden Familienangehörigen erworben haben. Frauen haben meist durch den Familienalltag ein viel größeres Organisationstalent und eine hohe Sozialkompetenz entwickelt. All das sind Fähigkeiten, die in modernen Unternehmen zunehmend gefragt sind. Zumindest theoretisch …

In der Praxis sieht es trotz aller schönen Lobreden anders aus: Sie müssen sich mehr als Ihre männlichen Kollegen fragen, welches Engagement Sie im Augenblick für Ihre berufliche Laufbahn aufbringen wollen und können. Wie viel Zeit sind Sie bereit, in den nächsten fünf Jahren in Ihre Karriere bzw. in Ihr Privatleben, d. h. in Partnerschaft, Familie und Freunde, zu investieren? Wenn Sie versuchen, in allen Bereichen perfekt zu sein, wird Sie das vermutlich überfordern und auf Dauer erschöpfen.

Die familiäre Situation diktiert in unserer Gesellschaft einer Frau noch immer weit mehr als einem Mann die beruflichen Möglichkeiten. Männer sind selten bereit, wegen familiärer oder partnerschaftlicher Bindungen beruflich zurückzustecken.

Idealerweise – so immer noch die Haltung vieler Arbeitgeber – sind Sie Single und ohne Kinder. Dann können Sie sich nach Qualifikation, Neigung und Angebot Ihren Job auswählen und dafür auch einen Ortswechsel vornehmen.

Für Frauen, die in einer Partnerschaft fest gebunden und kinderlos sind, ist ein Ortswechsel schon eine schwierigere Entscheidung. Beide Partner müssen in diesem Fall gemeinsam prüfen, inwieweit Sie sich darauf einlassen können.

Mit Kindern sind Ihre beruflichen Möglichkeiten unter Umständen stärker eingeschränkt. Überlegen Sie, ob Sie sich eine Doppel- oder Dreifachbelastung (Mann, Kind, Beruf) zumuten können, ob Ihr Partner mehr für die Familie tun kann, wie viel Zeit Sie überhaupt insgesamt haben?

Wie es jetzt weiter geht

Das Internet wird immer wichtiger, auch für die Arbeitsplatzsuche und als Transportmedium, um sich schnell per E-Mail zu bewerben. Worauf es hier ankommt, lernen Sie im nächsten Beispiel.

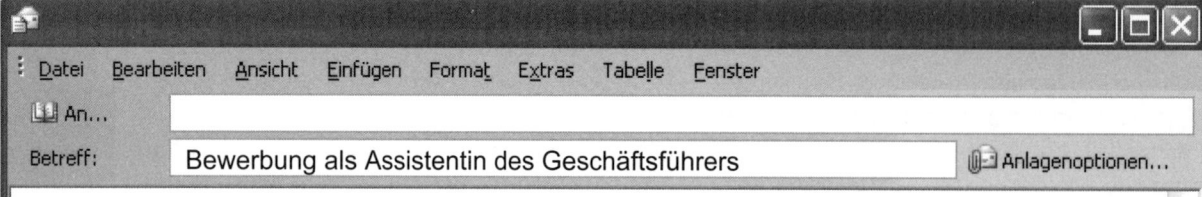

Betreff: Bewerbung als Assistentin des Geschäftsführers

Sehr geehrter Herr Hohenstein,

nach unserem anregenden Telefonat wende ich mich, wie vereinbart, auf elektronischem Weg an Sie. Ihre Stellenausschreibung hat sofort mein besonderes Interesse gefunden, da die Position einer Assistentin Ihres Geschäftsführers eine attraktive Herausforderung für mich darstellt.

Zudem strebe ich jetzt wieder an, mich nach vollendeter Familienphase beruflich erneut zu engagieren. Organisationsvermögen und Verhandlungsgeschick bewies ich bereits in vielfältigen betrieblichen und außerbetrieblichen (auch familiären) Zusammenhängen.

Zu meiner Person:

• Ich bin gelernte Offsetdruckerin, erfahren mit allen Arbeits- und Kontrolltätigkeiten bei der Herstellung hochwertiger Verpackungen.

• Betriebswirtschaftskenntnisse aus zweijährigem Fernstudium und aus der Teilverantwortung für den Einkauf und

• umfassende Erfahrungen mit Personalthemen und Arbeitsrecht, unter anderem als ausbildende Fachkraft.

Meinen Lebenslauf mit dem eingescannten Foto füge ich Ihnen als Datei bei.
Gern lasse ich Ihnen Zeugnisse zukommen oder bringe sie zu einem persönlichen Gespräch mit, auf das ich mich freue.

Mit freundlichen Grüßen
Christina Clement

Schlossallee 111
89598 Mühlenbach
Tel.: 07923 883561

Anlage
Datei „LebenslaufChristinaClement.doc"
einschließlich einer Seite mit Angaben zu meiner Motivation
(in der Version MS Word 2007)

Christina Clement / E-Mail-Anschreiben (Kommentar Seite 82)

Christina Clement

Schlossallee 111
89598 Mühlenbach
Tel.: 07923 883561
E-Mail: CC@aol.com

Zur Person:
geboren am 11.02.1981 in Neu-Ulm
verheiratet, eine Tochter (4 Jahre alt)

Qualifikation:
Offset-Druckerin, Betriebswirtin (FH)

Angestrebte Tätigkeit:
Assistentin des Geschäftsführers

Unterlagen für Herrn Hohenstein, Druckerei Zöller

Christina Clement / Deckblatt (Kommentar Seite 82)

Christina Clement
Schlossallee 111, 89598 Mühlenbach, Tel.: 07923 883561, E-Mail: CC@aol.com

Berufspraxis

seit Juli 2005 Hammer Drucktechnik AG, Biberach
Steuerung von Arbeitsvorgängen zur Herstellung hochwertiger Faltschachteln
insbesondere für die pharmazeutische und die kosmetische Industrie
Mitarbeit und Urlaubsvertretung in der Einkaufsabteilung
Ausbildende Fachkraft
In Elternzeit ab August 2007

Aug. 2002 – Juni 2005 Industrie Druck Schöller GmbH, Stuttgart
Druckformherstellung und Druckformbearbeitung für Spezialetiketten
im Sieb- und Digitaldruckverfahren für die Getränkeindustrie

Dez. 2000 – Juni 2002 Sievers-GmbH, Ulm
Prozessorientierte Mess- und Prüfarbeiten an Druckmaschine und
Fortdruck, Behebung von drucktechnischen Schwierigkeiten

Berufliche Weiterbildung
Okt. 2008 Bildungswerk IG Druck, Biberach
Präsentieren und visualisieren
Jan. 2007 Bildungswerk der IG Druck, Biberach
Effektiv verhandeln und argumentieren
Aug. 2003 – Juli 2005 Technik-Kolleg, Ulm
Fernstudium Betriebswirtschaft Abschlussnote: sehr gut

Schul- und Berufsausbildung
Sept. 1997 – Juli 2000 Sievers-GmbH, Ulm
Ausbildung zur Druckerin, Fachrichtung Flachdruck
1987 – 1997 Grundschule und Realschule in Neu-Ulm

Kenntnisse und Fähigkeiten
Gute Sprachkenntnisse in Englisch und Französisch
PC-Kenntnisse: MS Office-Programme, Photoshop, Corel Draw, MS Project

Interessen, Engagements
Kapitänin der Handballmannschaft von Oberwurzbach
Kassenwartin und Veranstaltungsorganisation im Kaninchenzüchterverein
von Mühlenbach

Mühlenbach, 3. März 2011

Christina Clement

Zeugnisse und Zertifikate gern auf Anfrage

Christina Clement / Lebenslauf (Kommentar Seite 82)

Christina Clement
Schlossallee 111, 89598 Mühlenbach, Tel.: 07923 883561, E-Mail: CC@aol.com

Ich bewerbe mich, ...

Das Druckerei-Geschäft habe ich »von der Pike auf« gelernt und mir
im Laufe meiner Berufspraxis weiterführende Spezialkenntnisse angeeignet:
Von der Technik verlagerte ich meine Schwerpunkte zur Betriebswirtschaft
und Personalarbeit.

Diese grundlegenden Kompetenzen konnte ich vielfach in betrieblichen Zusammenhängen
unter Beweis stellen, besonders im Rahmen der Teilverantwortung für den Einkauf
und die Ausbildung. Ich bin es gewohnt, selbständig oder im Team zu arbeiten.
Meine Einsatzbereitschaft und Flexibilität beim Lösen verschiedener Problemfälle
stießen bei Vorgesetzten und Kollegen immer auf große Anerkennung.

Mit kommunikativen Fähigkeiten und gutem Einfühlungsvermögen gewinne ich
leicht das Vertrauen meines Gegenübers und führe erfolgreiche Verhandlungen.

Kreativität und Engagement runden mein Persönlichkeitsbild ab.
Ich freue mich auf eine reizvolle Aufgabe, die mir Entwicklungsperspektiven bietet.
Sie entspricht meinem Traum von einer verantwortlichen Position in einer Großdruckerei.

... um etwas zu bewegen!

Mühlenbach, 3. März 2011

Christina Clement

Christina Clement / »Dritte Seite« (Kommentar Seite 82)

Zu den Unterlagen von Christina Clement

Frau Clement hat sich etwa vier Jahre intensiv um ihre kleine Tochter gekümmert und bereitet jetzt ihre Rückkehr ins Berufsleben vor. Nachdem sie die Anzeige entdeckt hat (S. 71), holt sie über das Internet weitere Informationen ein und findet dabei auch den Ansprechpartner heraus. Als sie ihn anruft, schlägt der Unternehmer unserer Kandidatin vor, ihre Unterlagen per E-Mail zu schicken. Leider vergisst Frau Clement zu erfragen, ob auch Dateianhänge erwünscht sind.

In dieser bereits überarbeiteten Fassung bezieht sich die Bewerberin ausdrücklich auf das Telefonat und bringt ihr Interesse an der angebotenen Position klar zum Ausdruck. Sie fasst kurz zusammen, was sie auszeichnet, und das in der gleichen Reihenfolge wie in der Ausschreibung. Auf den Personalbereich geht sie nicht näher ein. Sie beabsichtigt, ihre Erfahrungen aus der Betriebsratstätigkeit persönlich zu erläutern, wenn es zu einem Gespräch kommt. Der Hinweis auf zwei wichtige Freizeitinteressen reicht aus, um ihre Charakterstärken und Erfahrungen zu belegen. Im zweiten Absatz spricht sie geschickt über ihre Motivation, sich jetzt wieder beruflich zu engagieren, und problematisiert die Kinderbetreuung nicht unnötig. Vorausschauend macht sie Angaben über das Dateiformat des angehängten Lebenslaufs und zu weiteren Unterlagen.

Im Vertrauen darauf, dass die meisten PC-Anwender ihre eingehenden E-Mails auf Viren prüfen, entscheidet sich Frau Clement dafür, eine Art E-Mail-Bewerbungsanschreiben mit einer angehängten Lebenslauf-Word-Datei zu kombinieren. So hat sie die Möglichkeit, den Text ansprechend zu formatieren. (Aber denken Sie daran: Der Empfänger sieht an seinem Bildschirm unter Umständen die chaotisch verteilten Absatzmarken, wenn die Funktion im Softwareprogramm nicht ausgeschaltet ist; daraufhin prüfen!). Auf einem separaten Deckblatt bringt sie ihre persönlichen Angaben unter. Sowohl die obere und untere Linie als auch das ungewöhnliche Querformat des Fotos, das einen kommunikativen, durchsetzungsfähigen Eindruck vermittelt, ziehen die Blicke auf sich. Frau Clement betont ihre Qualifikation und das von ihr angestrebte Aufgabengebiet. Der Lebenslauf (der nicht diesen Titel trägt, was völlig okay ist) kommt mit einer Seite aus, da die Sozialdaten schon auf dem Deckblatt abgehandelt wurden. Frau Clement hat den deutlich verkleinerten Text sehr komprimiert und alle Angaben übersichtlich arrangiert. Die zeitlichen Daten folgen konsequent dem amerikanischen Lebenslauf, wodurch sie besser nachvollziehbar sind: vom Neuesten zum Ältesten. Wichtig für die angestrebte Stelle sind die Tätigkeiten in der Einkaufsabteilung, die die Bewerberin im ersten Block herausstellt. Ist Ihnen die Lücke nach Beendigung der Ausbildung (Juli 2000 – Dez. 2000) aufgefallen? Vielleicht nicht, und auch die Erziehungszeit (seit August 2007 bis zum heutigen Tag – 03.03.11) bleibt fast unbemerkt.

Die Aufzählung ihrer Hobbys hat die Kandidatin auf das Wesentliche reduziert. Abgesehen vom attraktiven Foto verzichtet sie darauf, eingescannte Unterlagen anzufügen. Sie bietet an, diese bei Interesse gern zur Verfügung zu stellen.

Mit der anschließenden »Dritten Seite« wählt Frau Clement einen ungewöhnlichen Weg, der jedoch für die Stellung einer Assistentin des Geschäftsführers angemessen ist. Gerade sie als junge Frau, die bisher keine besonders verantwortungsvolle Position innehatte, kann den potenziellen Arbeitgeber durch eine gut getextete kreative Aussage oder Beschreibung von ihren Qualitäten überzeugen. Sie setzt auf Lern- und Leistungsmotivation und unterstreicht ihre soziale Kompetenz. Die Inhalte und Formulierungen mögen Geschmackssache sein, tragen aber zur Festigung des Bildes bei, das sie durch Anschreiben und Lebenslauf von sich aufgebaut hat.

Einschätzung

Eine gelungene E-Mail-Bewerbung mit nicht ganz klassischem Anhang, der Überzeugungskraft hat und von dem Sie auch etwas lernen können, wenn Sie sich nicht des elektronischen Mediums bedienen wollen.

LERNTEST

4. Lerntest: Richtig oder falsch oder …
(Achtung! Es können mehrere Antworten richtig sein.)

Was ist insbesondere bei Bewerbungen per E-Mail zu berücksichtigen?

Dass …

a) die Hemmschwelle vieler Mitarbeiter, gerade in traditionellen Unternehmen, gegenüber dem Medium noch immer relativ hoch ist

b) Sie nicht wissen, wer sich Ihre Bewerbung anschaut

c) Personalchefs Angst vor Viren haben

d) Sie nicht zu viele und zu große Dateianhänge schicken dürfen

Die richtige Lösung finden Sie auf Seite 90.

Lösung 3. Lerntest: Richtig sind alle Antworten, besonders wichtig aber c und d.

SCHWERE ERKRANKUNG, ALKOHOLABHÄNGIGKEIT

Von besonderer Bedeutung für den Arbeitgeber sind Auszeiten dann, wenn sie eine nachteilige Wirkung auf die Arbeitskraft erwarten lassen. Das könnte bei einer gravierenden Erkrankung (z. B. Krebs) oder bei psychischen Problemen der Fall sein. Auch chronische Krankheiten wie beispielsweise Diabetes führen erfahrungsgemäß zu geringerer Belastbarkeit oder mehr Fehlzeiten. Ein Arbeitnehmer mit Suchtproblemen, der häufig ausfällt oder durch sein Verhalten eventuell den betrieblichen Ablauf stört, wird von den Personalchefs noch mehr gefürchtet.

Entsprechende Lücken müssen Sie nicht in Ihren Lebenslauf aufnehmen, wenn diese Probleme auskuriert bzw. therapiert sind. Ähnlich wie beim Vorstellungsgespräch, bei dem bestimmte Fragen unzulässig sind, geben Sie in Ihren Bewerbungsunterlagen nichts an, was Ihnen zum Nachteil gereichen könnte. Das gilt besonders dann, wenn die Krankheiten schon länger zurückliegen, egal ob es sich um Krebs, Herzinfarkt oder Alkoholismus handelt.

Anders verhält es sich, wenn Sie dauerhafte Schäden davongetragen haben und Ihren neuen Job nicht im erforderlichen Maß ausführen können, wie zum Beispiel als Bauarbeiter mit einem nicht völlig kurierten Bandscheibenvorfall. Eine Schwangerschaft dürfen Sie nur dann nicht verschweigen, wenn Sie an Ihrem Arbeitsplatz mit gesundheitsschädlichen Stoffen in Berührung kommen würden. Bei entsprechenden Tätigkeiten verlangt der Arbeitgeber in der Regel eine ärztliche Untersuchung.

Was hilft?

Ihre Erklärungen für diese Zeitabschnitte sollten nicht nachprüfbar sein, beispielsweise die Pflege eines Angehörigen oder der Aufenthalt in einem Land, für das Sie keine Aufenthaltsgenehmigung brauchen. Selbstverständlich kommen für solche Zeiträume auch Weiterbildungen oder Spezialisierungen (auch im Selbststudium) als »Lückenbüßer« in Frage, ebenso wie ein besonderes Ehrenamt oder eine freiberufliche Tätigkeit.

Kommentierte Beispiele

Hanna Ohms
(Bewerbungsunterlagen auf Seite 84 ff.)
Wegen einer Krebserkrankung ist die 46-jährige Frau Ohms Frührentnerin, daher kann sie nur eine geringfügige Beschäftigung ausüben. Nach ihrer schweren Krankheit hatte sie Teilzeittätigkeiten in der Pflege, im Verkauf, Haushalt und als Reinigungskraft ausgeübt, kombiniert mit Bürohilfsarbeiten. Sie nahm an PC-Fortbildungen teil und sucht dringend einen Job im Büro. In ihrer Bewerbung muss sie Kompetenz und Selbstsicherheit ausstrahlen, obwohl sie keine guten Chancen hat.

Die Stellenanzeige lautet:

Dringend gesucht:

Bürokraft

(geringfügig beschäftigt) für Möbelgeschäft, an 2 Tagen/Woche nachmittags. Sie gehen sicher mit MS Word und Excel, Internet und E-Mail um. Sie sind freundlich und haben ausreichend Berufserfahrung, um auch bei Stress Ruhe zu bewahren. Wir brauchen Unterstützung beim Telefondienst, der Buchführung, Schriftverkehr und allgemeinen Büroarbeiten. Wir freuen uns auf Ihre vollständige Bewerbung:

Möbelhandlung Walter & Co., Ostseestraße 4, 19060 Schwerin

Martin Freihaus
(Bewerbungsunterlagen auf Seite 91 ff.)
Nach seiner Ausbildung als Kaufmann im Eisenbahn- und Straßenverkehr und erfolgreicher Berufspraxis bekleidet Herr Freihaus bald leitende Positionen in zwei Speditionen. Dann lässt er sich zum Verkehrsfachwirt fortbilden. Nach heftigen Eheproblemen verfällt er dem Alkohol und wird arbeitslos. Durch eine Entziehungskur fängt er sich jedoch wieder. Bei seiner Bewerbung um eine Position in der Organisation bzw. Verwaltung von Speditionen oder in einem Großmarkt ist er nicht gezwungen, Auskunft über seine Erkrankung zu erteilen, muss jedoch die Lücke in seinem Lebenslauf erklären bzw. kaschieren.

Die Stellenanzeige lautet:

Kaisers & Partner KG, sucht einen/eine

Assistenten/Assistentin der Speditionsleitung

für Leistungserstellung und Auftragsabwicklung sowie personalwirtschaftliche Steuerungsinstrumente.

Sie haben eine Ausbildung als Speditionskaufmann/-frau, Verkehrsfachwirt/in oder etwas Vergleichbares. Idealerweise sind Sie ca. 35 Jahre alt und verfügen über mind. 5 Jahre Berufspraxis, insbesondere mit betriebswirtschaftlichen Kennzahlen und Personalführung, unter anderem als Ausbilder/in. Wenn Sie die Aufgabe reizt, senden Sie uns Ihre Bewerbung unter Angabe Ihres Gehaltswunsches und Ihres frühestmöglichen Eintrittstermins.

Unterlagen an: Kaisers & Partner KG, Frau Leonhard, Kaiserstr. 11, 32785 Detmold

---

hanna ohms
Karl-Liebknecht-Str. 93a
18059 Rostock
Telefon: 0381/565758
E-Mail: HannaO@t-online.de

Möbelhandlung Walter & Co.
Ostseestraße 4

19060 Schwerin

Rostock, 20.3.11

Bewerbung als Bürokraft
Annonce im Rostocker Tageblatt vom 16.3.11

Sehr geehrter Herr Walter,

Ihre Anzeige hat mein besonderes Interesse gefunden, weil ich für die Stelle qualifiziert bin und die nötigen Erfahrungen mitbringe. Mit MS Word, Excel, Internet und E-Mail kenne ich mich bestens aus.

Bisher war ich meist als Putzfrau und Haushaltshilfe tätig, in letzter Zeit habe ich jedoch auch Büroarbeiten erledigt. Aus gesundheitlichen Gründen möchte ich mich der körperlich weniger anstrengenden Schreibtischarbeit zuwenden. Aus dem gleichen Grund kommen für mich auch nur geringfügige Beschäftigungsverhältnisse in Frage. Wie Sie meinen Unterlagen entnehmen können, habe ich an vielen Fortbildungen teilgenommen und dabei viel gelernt. Nun möchte ich es verstärkt anwenden.

Ich bin freundlich und helfe Ihnen gern bei allen Arbeiten. Wenn Sie mich zu einem Gespräch einladen, können wir das noch vertiefen.

Mit freundlichen Grüßen,

Hanna Ohms

Hanna Ohms / Schlechte 1. Version / Anschreiben (Kommentar Seite 90)

hanna ohms
Karl-Liebknecht-Str. 93a
18059 Rostock
Telefon: 0381/565758
E-Mail: HannaO@t-online.de

LEBENSLAUF

Über meine Person:
geboren am 30.4.1964 in Wolgast
geschieden, ortsungebunden

Berufspraxis:
Industrie, Verkauf und Haushalt

Berufsziel:
Geringfügig Beschäftigte im Büro

Berufliche Weiterbildungen (Volkhochschule Rostock, 2005–2011):

- ❖ Grund- und Aufbaukurs MS Word
- ❖ Grundkurs MS Excel
- ❖ Kurs Bewerbungstraining
- ❖ Kurs Persönlichkeitsentwicklung
- ❖ Kurs Feng Shui im Büro
- ❖ Kurs Telefonmarketing
- ❖ Kurs Internet und E-Mail
- ❖ Kurs Entspannung durch Yoga
- ❖ Kurs Präsentation und Rhetorik

Berufliche Erfahrungen

März 2007 – jetzt	geringfügig Beschäftigte/Putz- und Bürokraft beim Autohändler Nabler, Rostock
Juli 2005 – Nov. 2006	geringfügig Beschäftigte/Putzfrau im Immobilen- makler-Büro Reiser, Rostock

Jan. 1999 – Okt. 2006	geringfügig Beschäftigte/Haushaltshilfe und Kinderfrau im Privathaushalt von Prof. Dr. Scherer, Nürnberg
Juni 1998 – Dez. 1998	Arbeit suchend und berufliche Neuorientierung
Jan. 1997 – Mai 1998	Hilfsschwester im Elisabeth-Krankenhaus, Schwerin
Sept. 1993 – Dez. 1996	Teilzeit-Verkaufshilfe in mehreren Konsumläden, Schwerin
Jan. 1992 – Aug. 1993	keine Berufstätigkeit wegen schwerer Krankheit und Rekonvaleszenz
Jan. 1988 – Dez. 1992	Dispatcher in der Ausstellungshalle Stralsund
Jan. 1983 – Dez. 1987	Verkäufer in der Ausstellungshalle Stralsund
1982	Schlosser in der Neptun Reparaturwerft, Warnemünde

Schul- und Berufsausbildung

1979 – 1981	Lehre als Schlosser der Neptun Reparaturwerft, Warnemünde
1969 – 1979	Besuch der Grundschule und polytechnischen Oberschule Rosa Luxemburg, Wolgast, mit mittlerem Bildungsabschluss

Besondere Kenntnisse, Erfahrungen, Engagements und Interessen

- ❖ Fahrerlaubnis Klasse B
- ❖ Fremdsprachen: Englisch und Russisch (Schulniveau)
- ❖ Organisation von Auftritten einer Wanderdisko
- ❖ Jazzdance, Schwimmen
- ❖ Meditation
- ❖ E-Gitarre
- ❖ Ehrenamtliche Betreuung von Aids-Patienten

Rostock, 20.3.2011

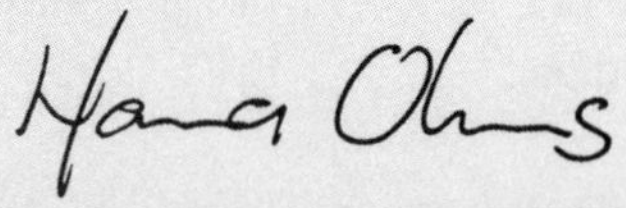

Hanna Ohms

Hanna Ohms / Schlechte 1. Version / Lebenslauf 2. Blatt (Kommentar Seite 90)

Hanna Ohms

Karl-Liebknecht-Str. 93a • 18059 Rostock
Fon 0381 565758 • Mail HannaO@t-online.de

Möbelhandlung Walter & Co.
Frau Neuberger
Ostseestraße 4
19060 Schwerin

Rostock, 20.03.11

Bewerbung als Bürokraft

Sehr geehrte Frau Neuberger,

vielen Dank für unser heutiges Telefonat, in dem Sie mir weitere Informationen zum Aufgabengebiet gegeben haben. Ich bin mir sicher, dass ich Ihnen als Bürokraft eine gute Unterstützung sein kann.

Mein Berufsweg ist gekennzeichnet von Herausforderungen, die ich angenommen und gemeistert habe. In der DDR musste ich einen handwerklichen Beruf erlernen, habe jedoch den Wechsel in den kaufmännischen Bereich geschafft. Nach überstandener schwerer Krankheit konnte ich nur noch Teilzeitstellen annehmen, zunächst als Haushaltshilfe, inzwischen auch als Bürokraft. MS Word, Excel, Internet und E-Mail wende ich täglich an.

Im Laufe meiner Berufspraxis habe ich ein Gefühl dafür entwickelt, welche Aufgaben vordringlich sind, die ich dann mit Ruhe und Sorgfalt stets zeitnah erledige. Meine Kollegen schätzen auch meine ausgeprägte Freundlichkeit und Hilfsbereitschaft.

Auf die Gelegenheit zu einem persönlichen Gespräch freue ich mich.

Es grüßt Sie aus Rostock

Hanna Ohms

Anlagen

Hanna Ohms / Verbesserte 2. Version / Anschreiben (Kommentar Seite 90)

Hanna Ohms

Karl-Liebknecht-Str. 93a • 18059 Rostock
Fon 0381 565758 • Mail HannaO@t-online.de

Angestrebte Position:

Büroangestellte (geringfügig beschäftigt)

zu meiner Person

geb. am 30.04.1964 in Wolgast
unverheiratet, ortsungebunden

Berufliche Erfahrungen

seit März 2007	Bürohilfe und Reinigungskraft beim Autohändler Nabler, Rostock, insbesondere – vorbereitende Korrespondenz, Ablage – Telefondienst, E-Mail-Verwaltung, Internetrecherchen – vorbereitende Buchhaltung
2005/2006	Reinigungskraft und Büroaushilfe im Immobilenmakler-Büro Reiser, Rostock
1999–2006	Haushaltshilfe und Kinderfrau im Privathaushalt von Prof. Dr. Scherer, Nürnberg
1997/1998	Hilfsschwester im Elisabeth-Krankenhaus, Schwerin
1993–1996	Verkaufshilfe in einem Lebensmittelgeschäft, Schwerin
1988–1991	Dispatcher/Organisatorin in der Ausstellungshalle Stralsund
1983–1987	Verkäuferin in der Ausstellungshalle Stralsund
1982	Schlosserin in der Neptun Reparaturwerft, Warnemünde

Sonstiges

1992	Krankheit und Rekonvaleszenz

Hanna Ohms / Verbesserte 2. Version / Lebenslauf 1. Blatt (Kommentar Seite 90)

Berufliche Weiterbildungen

→ Grund- und Aufbaukurs MS Word

→ Grundkurs MS Excel

→ Internet und E-Mail

→ Telefonmarketing

→ Präsentation und Rhetorik

→ Feng Shui im Büro

Schul- und Berufsausbildung

1979–1981	Lehre als Schlosserin der Neptun Reparaturwerft, Warnemünde
1969–1979	Grund- und Oberschule mit Realschulabschluss, Wolgast

Besondere Kenntnisse

→ PC: MS Office mit Word, Excel, Outlook, Internet Explorer

→ Fremdsprachen: Englisch (Grundkenntnisse) und Russisch (Schulniveau)

→ Führerschein Klasse B

Interessen und Engagements

→ Jazzdance, Schwimmen

→ Elektronische Gitarre

→ Ehrenamtliche Betreuung von Aids-Patienten

Rostock, 20.03.11

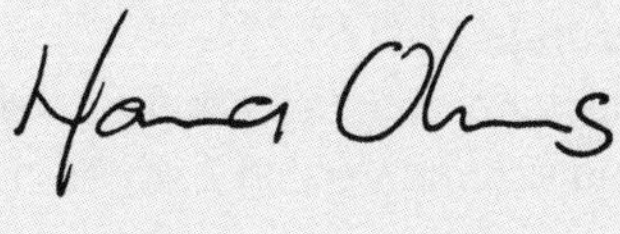

Hanna Ohms

Hanna Ohms / Verbesserte 2. Version / Lebenslauf 2. Blatt (Kommentar Seite 90)

Zu den Unterlagen von Hanna Ohms

Version 1

Das **Anschreiben** fällt durch die übertriebene Formatierung aus dem Rahmen. Peinlich, dass die Bewerberin wie selbstverständlich »Herrn Walter« anspricht, obwohl das Büro von einer Frau geleitet wird.

Es ist verständlich, dass Frau Ohms auf ihre gesundheitlichen Einschränkungen eingeht, doch der Hinweis auf »körperlich weniger anstrengende Schreibtischarbeit« legt die Vermutung nahe, dass sie sich in erster Linie »schonen« will. Der Satz über ihre Fortbildungen klingt einfallslos, noch dazu kommt eine Wortwiederholung (»viel«) vor. Alles sehr ungeschickt!

Im **Lebenslauf** sind jede Menge überflüssige Formatierungen enthalten. Mit der Gegenüberstellung von Berufspraxis und Berufsziel will Frau Ohms ihre Flexibilität darlegen, könnte damit aber ihr Ziel verfehlen. So verhält es sich auch mit der Aufzählung der Fortbildungen, die zwar wichtig (wenn auch nicht alle!), aber nicht wichtiger als die Berufserfahrungen sind – daher sollten sie besser nicht an erster Stelle erwähnt werden.

Im Abschnitt »Berufliche Erfahrungen« fällt die Formulierung »geringfügig Beschäftigte« unangenehm auf. Die Zeiträume sind so genau angegeben, dass Frau Ohms auch ihre Arbeitslosigkeit erwähnen muss, schade! Das ist lange her und interessiert doch heute niemanden, es sei denn, man bekommt es so prominent vorgesetzt!

Durch die männlichen Berufsbezeichnungen merkt man Frau Ohms deutlich die DDR-Sozialisation an. Das kann – je nach Arbeitgeber – zu Vorbehalten führen, die völlig überflüssig sind. Im Abschnitt »Besondere Kenntnisse …« fasst sie zu viele Daten/Informationen unter einer Überschrift

zusammen. Teilweise sind diese auch für die jetzige Bewerbung nicht von Bedeutung.

Das Foto wirkt okay, wenn auch sehr klein. Den Unterschied sieht man erst, wenn man sich die überarbeitete Version anschaut.

Version 2

Das **Anschreiben** ist in Maßen kreativ gestaltet und somit viel angenehmer für das Auge als die erste Version. Durch ein Telefonat hat die Bewerberin Frau Neuberger als Ansprechpartnerin herausgefunden. Da sie nichts verschweigen will, tritt sie die »Flucht nach vorn« an: Sie schildert mutig und überzeugend die Hürden, die sie erfolgreich genommen hat. Auch die in der Anzeige geforderten Kenntnisse und Eigenschaften belegt sie anschaulich. Auf diese Weise vermittelt sie dem Leser, gut in das Team der Möbelhandlung zu passen.

Der **Lebenslauf** ist vom Druckbild her viel ansprechender. Auch hier weist die Bewerberin auf ihre angestrebte Position hin, formatiert aber ansonsten zurückhaltend. Das Foto ist angemessen groß und hat einen interessanten Hintergrund. Am Kopf leicht angeschnitten, wirkt es sehr sympathisch und deutlich seriös.

Ihre beruflichen Erfahrungen stellt Frau Ohms so dar, dass sie für eine Büroarbeit ausreichend qualifiziert erscheint. Ganz unten auf der Seite finden wir den Hinweis auf die Erkrankung. Dieser könnte aber auch weggelassen werden …

Die Fortbildungen hat die Bewerberin jetzt sorgsam ausgewählt und nach Bereichen sortiert. Bei den besonderen Kenntnissen hebt sie wichtige PC-Kenntnisse gesondert hervor. Ob auch der Feng-Shui-Kurs für den angestrebten Arbeitsplatz beim Möbelhändler von Vorteil sein wird, bleibt ungewiss.

Ihre Hobbys sind sorgsam ausgewählt und auf drei reduziert. An dieser Stelle kommt ihr Engagement in der Aids-Hilfe erst richtig zur Geltung: Es verdient Hochachtung und suggeriert, dass sie ihre eigene schwere Erkrankung auch psychisch überwunden hat.

Einschätzung

Eine ungewöhnliche Bewerberin, die angenehm auffällt und sich mit Version 2 sicherlich Vorteile vor anderen Kandidaten verschafft!

LERNTEST

5. Lerntest: Richtig oder falsch oder …
(Achtung! Es können mehrere Antworten richtig sein.)

Ihre Chancen, zum Vorstellungsgespräch eingeladen zu werden, minimieren Sie sich, wenn Sie…

a) auf ein Foto verzichten
b) keine Arbeitszeugnisse beilegen
c) keine Angaben zu Interessen, Engagement oder Hobbys machen
d) vergessen, den Lebenslauf zu unterschreiben

Die richtige Lösung finden Sie auf Seite 99.

Lösung 4. Lerntest: Richtig ist Antwort d, wobei Antwort c je nach Empfänger der E-Mail auch zutreffen kann.

Lebenslauf

Name:	Martin Freihaus
Anschrift:	Pappelweg 5, 32758 Detmold
Telefon:	05231/5789901 (Mobil: 0177/332289)
Geburtsdatum u. -ort:	1.10.1971 in Bielefeld
Familienstand:	geschieden; 3 Kinder (3, 5, 8 Jahre alt)
Nationalität:	deutsch

1.8.1978 – 30.7.1982	**Schulbesuch** der 2. Grundschule in Bielefeld
1.8.1982 – 30.7.1988	Schulbesuch der Oetker-Realschule in Bielefeld mit Realschulabschluss (Note: gut)
1.9.1989 – 31.8.1992	**Berufsausbildung** als Kaufmann im Eisenbahn- und Straßenverkehr bei der Spedition Geltow in Gütersloh mit Berufsabschluss (Note: sehr gut)
1.10.1992 – 31.8.1993	**Wehrdienst** beim 3. Infanterieregiment in Hamm
22.9.1993	Eheschließung mit Eva-Maria Brun
1.9.1993 – 31.12.1993	**Aushilfstätigkeit** in der Tankstelle des Vaters in Bielefeld
1.1.1994 bis 31.10.2001	**Berufspraxis** in der Spedition Meyer & Söhne in Gütersloh; davon fast 2 1/2 Jahre als Sachbearbeiter, 2 Jahre als Vorarbeiter, die übrige Zeit als Hallenmeister Schwerpunkt: Preiskalkulation für internationale Transporte; eigene Kündigung
1.11.2001 – 28.02.2010	Spedition Barthe in Oldenburg; davon 3 Jahre Schichtleiter mit Verantwortung für 6 Mitarbeiter, danach 3 1/2 Jahre Hallenmeister für alle 11 Beschäftigten, danach wieder Schichtleiter Schwerpunkte: Einteilung und Betreuung des Personals; Anleitung von Auszubildenden und neuen Mitarbeitern; Ermittlung von Kundenwünschen, Beratung und Kundenbetreuung, Angebotserstellung; Kündigung durch Arbeitgeber

1.6.2007 – 30.10.2008	**Fortbildung** zum „Geprüften Verkehrsfachwirt, Fachrichtung Güterverkehr", an der Deutschen Außenhandels- und Verkehrs-Akademie, Bremen mit Prüfung vor der IHK Bremen (Abschlussnote: 1,7)
20.4.2010 – 31.7.2010	Krankheit und Kuraufenthalt in Bad Münder am Deister
seit 1.8.2010	Arbeit suchend (voll arbeitsfähig) als Verkehrsfachwirt oder Kaufmann im Eisenbahn- und Straßenverkehr in Speditionen oder Großmärkten

Kenntnisse und Fähigkeiten:

Fremdsprachen: Englisch gut in Wort und Schrift
EDV: MS Office mit Access und mehrere einschlägige Programme aus dem Speditionsbereich
Führerschein Klasse C und B

Detmold, den 11.03.11

Martin Freihaus

Martin Freihaus / Schlechte 1. Version / Lebenslauf 2. Blatt (Kommentar Seite 99)

Martin Freihaus | Verkehrsfachwirt
Pappelweg 5 | 32758 Detmold
Telefon 05231 5789901 | Mobil 0177 332289

Bewerbungsunterlagen

für
Frau Leonhard
Kaisers & Partner KG

Bewerbung als Assistent der Speditionsleitung

Martin Freihaus / Verbesserte 2. Version / Deckblatt (Kommentar Seite 99)

Martin Freihaus
geboren 01.10.1971 in Bielefeld
unverheiratet

Angestrebte Position: Assistent des Speditionsleiters

Martin Freihaus / Verbesserte 2. Version / Deckblatt Folgeseite (Kommentar Seite 99)

Werdegang

Berufspraxis

2001–2010   Spedition Barthe, Oldenburg

Tätigkeit als Schichtleiter mit Verantwortung für sechs Mitarbeiter
Hallenmeister mit Verantwortung für elf Mitarbeiter mit den
Schwerpunkten:

>Ermittlung von Kundenwünschen
>Beratung und Kundenbetreuung, Angebotserstellung
>Anleitung von Auszubildenden und neuen Mitarbeitern, vor
>allem in den Bereichen Warenkunde, Kundeninformationen
>und PC-Programme

1994–2001   Spedition Meyer & Söhne in Gütersloh

Tätigkeit als Sachbearbeiter, Vorarbeiter und Hallenmeister
mit den Schwerpunkten:

>Preiskalkulation für internationale Transporte
>Anleitung von Auszubildenden und neuen Mitarbeitern

Arbeitspraxis

1993   Aushilfstätigkeit als Tankwart, Tankstelle Freihaus, Bielefeld

Berufsausbildung

1989–1992   Ausbildung als Kaufmann im Eisenbahn- und Straßenverkehr
Spedition Geltow, Gütersloh

Schulausbildung

1978–1988   Grundschule und Realschule, Bielefeld
erfolgreicher Realschulabschluss

Martin Freihaus / Verbesserte 2. Version / Lebenslauf 1. Blatt (Kommentar Seite 99)

Fortbildungen

2008	Geprüfter Verkehrsfachwirt Fachrichtung Güterverkehr Deutsche Außenhandels- und Verkehrs-Akademie, Bremen mit Prüfung vor der IHK Bremen
2005	Kurs Rechtsgrundlagen für Spediteure
2003	Workshop Personalführung
2001	Aufbaukurs Business Englisch
1998	Aufbaukurs MS Word und Excel

Kenntnisse und Fähigkeiten

Fremdsprachen	Englisch gut in Wort und Schrift
EDV	souveräne Beherrschung von MS Office mit Access und allen einschlägigen Programmen aus dem Speditionsbereich
Führerschein	Klasse C und B

Sonstiges und Interessen

seit März 2010	Private Auszeit mit Regenerationsphase Orientierungsphase sowie Aktualisierung und Erweiterung meiner PC- und Englisch-Kenntnisse im Selbststudium
1992–1993	Wehrdienst in Hamm
	Intensives Engagement als Trainer einer Fußballmannschaft

Detmold, 11. März 2011

Martin Freihaus

Martin Freihaus / Verbesserte 2. Version / Lebenslauf 2. Blatt (Kommentar Seite 99)

Warum mich das Aufgabenfeld reizt ...

Die Weiterbildung zum Verkehrsfachwirt war die konsequente Fortsetzung meiner Ausbildung zum Kaufmann für Eisenbahn- und Straßenverkehr: Ich habe mir einen Traum erfüllt und viel dazugelernt. Jetzt bin ich qualifiziert dafür, auf der planerischen Ebene zu arbeiten.

Als langjähriger Mitarbeiter von Speditionen, zeitweilig auch als Führungskraft mit Personalverantwortung, weise ich einen vielseitigen Erfahrungshorizont auf. Daher kann ich die Hintergründe strategischer Sach- und Personalentscheidungen gut einschätzen. Als Berufspraktiker trete ich der Hektik des Alltagsgeschäfts mit logischem Denken und Besonnenheit entgegen.

Zu meinem Bild einer erfüllenden Tätigkeit gehört, innerhalb eines gewissen Rahmens selbständig zu arbeiten. Mit großem Engagement und Initiative bewältige ich die mir gestellten Aufgaben. Ich freue mich über Anerkennung, gewinne Zufriedenheit aber auch durch das unausgesprochene Vertrauen und die Wertschätzung, die mir entgegengebracht werden.

Martin Freihaus / Verbesserte 2. Version / »Dritte Seite« (Kommentar Seite 99)

Zeugnisse und Zertifikate

Aus- und Fortbildung

Prüfungszeugnis der IHK Ostwestfalen zu Bielefeld
Ausbildung als Kaufmann im Eisenbahn- und Straßenverkehr

Zertifikat der IHK Bremen
Workshop Personalführung

Zertifikat der IHK Bremen
Rechtsgrundlagen für Spediteure

Prüfungszeugnis der IHK Bremen
Fortbildung zum gepr. Verkehrsfachwirt

Berufspraxis

Arbeitszeugnis der Tankstelle Freihaus, Bielefeld

Arbeitszeugnis der Spedition Meyer & Söhne, Gütersloh

Arbeitszeugnis der Spedition Barthe, Oldenburg

Martin Freihaus / Verbesserte 2. Version / Anlagenverzeichnis (Kommentar Seite 99)

Zu den Unterlagen von Martin Freihaus

Version 1

Der **Lebenslauf** macht optisch keinen schlechten Eindruck, wenn nur nicht das Foto wäre. Trotzdem: Der eng gedruckte Text und die strenge, chronologische Ordnung langweilen den Leser schon ein bisschen.

Bei den persönlichen Angaben muss Herr Freihaus nicht darauf eingehen, dass er geschieden ist, und auch die Kinderanzahl (sowie das Alter) spielt keine Rolle. Die Nennung der Staatsangehörigkeit kann bei diesem Namen getrost entfallen. Die auf den Tag genaue Angabe der Zeiträume ist völlig unüblich und schärft nur den kritischen Blick für Lücken, was bei krankheitsbedingten Auszeiten besonders unglücklich ist.

Der Bewerber hinterlässt durch seinen Hinweis auf Noten, die vor langer Zeit erzielt wurden, keinen wirklich guten Eindruck. Natürlich kann man seine Wehrzeit aufführen, um einen bestimmten Zeitraum zu erklären, aber ohne große Einzelheiten. Die Eheschließung gehört selbstverständlich nicht in den Lebenslauf.

Nun kommt der wichtigste Abschnitt, die Berufspraxis: Herr Freihaus gibt die Zeiten zwar akribisch genau an, die wichtigeren inhaltlichen Schwerpunkte fasst er dagegen leider nur sehr kurz zusammen. Dummerweise führt er freiwillig an, dass ihm gekündigt wurde – eine Aussage, die nicht einmal ein Arbeitszeugnis enthalten darf!

Auf der zweiten Seite erwähnt er die Fortbildung zum Verkehrsfachwirt (extrem ungünstiger Zeilenumbruch), gefolgt von seiner Krankheit (mit Erwähnung des Kurorts, fehlt nur noch die Diagnose und der Name des ihn behandelnden Arztes!). Zu guter, nein schlechter Letzt: die Arbeitslosigkeit – kein schöner Abschluss! Und zum wiederholten Male, beim Datum kein »den«!

Nochmals zum Foto: Nicht selten muten Bewerber den Auswählern Horrorbilder zu und wundern sich dann darüber, dass man ihre Bewerbung prompt aussortiert und ihnen absagt. Also unser Tipp: Die optimale Herstellung und Auswahl Ihres Fotos sollten Sie sorgfällig und mit professioneller Unterstützung vornehmen.

Version 2

Diese beginnt mit einem sehr übersichtlichen, fast schlicht gestalteten Deckblatt (Stichwort: schlichte Eleganz). Auf der folgenden Seite stellt sich Herr Freihaus mit Foto und minimalen Sozialdaten vor.

Das Foto fällt durch das Format, einen attraktiven Hintergrund und den leicht angeschnittenen Kopf angenehm auf. Hier hat der Bewerber seinen Familienstand mit »unverheiratet« angegeben und die Kinder nicht erwähnt – als allein erziehender Vater hätte er leider noch schlechtere Chancen! Vorstellbar wäre auch hier auf dieser Seite eine Auflistung seiner besonderen Qualifikationsmerkmale.

Seinen beruflichen Werdegang verteilt er dann auf zwei Seiten, beginnend mit der Berufspraxis und auf der nächsten Seite mit den Fortbildungen.

Die folgende Auflistung entspricht der amerikanischen Reihenfolge, das Letzte, Aktuellste zuerst. Herr Freihaus versieht seine Berufsstationen mit den klassischen Überschriften, bis auf die Aushilfstätigkeit, die er unter Arbeitspraxis aufführt. Er zeigt lediglich die Jahreszahlen und hebt dafür viel besser die Bedeutung der inhaltlichen Schwerpunkte hervor.

Bei der Aufzählung seiner Fortbildungen führt er einige Maßnahmen an, die ihm in Version 1 unwichtig erschienen – sie weisen seine Qualifikation nach und lenken vom wenig vorteilhaften Auslaufen seiner Karriere ab. Unter »Sonstiges und Interessen« bezeichnet Herr Freihaus geschickt seine Alkoholabhängigkeit mit Kuraufenthalt als »private Auszeit mit Regenerationsphase«, ergänzt um eine »Orientierungsphase …«, die ihn sofort in ein besseres Licht rückt. Sein Engagement in der Fußballmannschaft zeugt von Verantwortungsvermögen und Führungsqualitäten – der Eindruck wird haften bleiben!

Hinter dem Lebenslauf fügt Herr Freihaus eine Dritte Seite ein, um seine Motivation zu unterstreichen. Er präsentiert dem Leser sein Qualifikationsprofil, seinen Erfahrungshorizont und seine Vorstellung bezogen auf den Arbeitsplatz. Damit hebt er sich von der Masse anderer Bewerber ab und entwirft ein vorteilhaftes Bild seiner Persönlichkeit. Ganz am Schluss der Bewerbung verschafft das Anlagenverzeichnis einen guten Überblick und spricht

---

6. Lerntest: Ihr Wissensstand zum Bewerberfoto
(Achtung! Es können mehrere Antworten richtig sein.)

Worauf wird bei der Analyse des Bewerberfotos besonders geachtet?

a) auf das Aussehen / die Mimik
b) die Kleidung bzw. das, was man von ihr sieht
c) die fotografische Qualität
d) das Fotoformat
e) Geschlecht und Alter der abgebildeten Person
f) alles andere, nur diese Dinge nicht

Die richtige Lösung finden Sie auf Seite 107.

Lösung 5. Lerntest: Alle Antworten sind richtig.

den Leser auch optisch an, sich mit den papierenen Unterlagen zu beschäftigen.

Einschätzung

Mit dieser Version hat Herr Freihaus die richtigen »Verkaufsargumente« betont und »Schwachstellen« geschickt umschrieben. Sofern er nicht auf einen Arbeitgeber trifft, der Bewerber aus einem bestehenden, festen Arbeitsverhältnis heraus bevorzugt, hat er sehr gute Chancen. Und das interessante Foto unterstützt seinen Wunsch, eingeladen zu werden.

UMSCHULUNG UND BERUFLICHE NEUORIENTIERUNG

Nicht immer läuft im Leben alles wie geplant. Ein Beispiel: Sie haben Ihren Traumberuf erlernt oder Ihr Wunschstudium erfolgreich beendet. Nach einigen Stationen im Berufsleben merken Sie, dass der Bedarf nach dieser Qualifikation doch sehr begrenzt ist bzw. die Konkurrenz riesengroß und Sie nicht zu den Glücklichen zählen, die einen Arbeitsplatz erobert haben.

Oder: Es ist Ihnen inzwischen klar geworden, dass Sie in Ihrem Beruf nicht glücklich werden, ungeeignet sind oder sich den Anforderungen nicht richtig gewachsen fühlen. Vielleicht sind Sie auch in diesen Beruf gedrängt worden und waren von Anfang an nie ganz zufrieden damit.

Manchmal besteht das Arbeitsamt nach längerer Beschäftigungslosigkeit auf einer Fortbildung oder der Betroffene entschließt sich nach reiflicher Überlegung, durch eine längere Weiterbildungsmaßnahme seine Chancen auf dem Arbeitsmarkt nachhaltig zu verbessern.

Während eine Umschulung in zwei Jahren zu einem anerkannten Ausbildungsberuf führt (mit IHK-Prüfung), baut eine längere Fortbildung auf vorhandener Berufspraxis auf. In jedem Fall geht die neue Qualifikation mit einer gewissen beruflichen **Umorientierung** einher: Das neue Berufsfeld muss inspiziert, Kontakte müssen geknüpft und die eigenen Stärken in die neue Bewerbungsstrategie eingearbeitet werden.

Was hilft?

Im Lebenslauf klafft dann unter Umständen eine Lücke von ein oder zwei, manchmal sogar drei Jahren, weil es vielleicht nicht gleich ein Arbeitsangebot gab. Es kommt also besonders darauf an, sein Motiv für die Umschulung zu verdeutlichen, Nebenjobs anzuführen, bei denen man etwas gelernt hat, und auf andere praktische Erfahrungen zu verweisen, die einen aus dem absoluten Anfängerstadium herausbringen.

Erklärungsnot – ganz allein schafft das keiner

Meine berufliche Entwicklung verlief sehr negativ. Zuletzt, vor etwa drei Jahren, war ich für knapp zweieinhalb Jahre selbständig und habe einen kleinen Kantinenimbiss betrieben. Ein Hit anfangs, später lief es leider nicht mehr so gut. Schließlich kam ich auf die Idee, Essen direkt an die Firmen der Umgebung zu liefern. Dann aber verschlechterte sich die Wirtschaftslage und ich musste mein kleines Unternehmen schließen – immerhin ohne mich zu verschulden.

Trotzdem ist es mir verdammt schwergefallen, wieder einen festen Job zu finden. Gelegentlich durfte ich mal aushelfen, den Ersatzmann spielen, für eine Woche oder für drei Monate, das längste Engagement, das ich bekam. So etwas kann man ja nicht in seine Unterlagen schreiben und Arbeitszeugnisse gibt es darauf schon gar nicht.

Wie sollte ich also jemandem diese Zeit erklären, zunächst auf dem Papier und dann später im Gespräch? Ich habe mir wirklich den Kopf zerbrochen, aber mit einer gewissen Hilfe von außen ist es mir gelungen, in meinem Lebenslauf die Sache nicht ganz so fürchterlich aussehen zu lassen, wie sie im Grunde war. Und im Gespräch habe ich dann stückchenweise erzählt, was ich wie gemacht habe. Mein jetziger Chef fand das gut, sah darin meinen Mut und so etwas wie »unternehmerisches Handeln«. Ich glaube aber, das Entscheidende war, dass er mir vertraut hat. So etwas ist natürlich ein großes Glück. Ich habe es richtig genutzt und mich natürlich total angestrengt. Und es hat geklappt!

Nun läuft es also wieder, aber ich muss sagen, ich habe in einen tiefen Abgrund geschaut ... da brauchst Du wirklich Hilfe, musst Dich auf Menschen verlassen, die Dich stützen. Ganz allein schafft das keiner.

Kommentieres Beispiel

Cornelia Brünner

(Bewerbungsunterlagen auf Seite 101 ff.)
Die 35-jährige Frau Brünner jobbte als Au-Pair-Mädchen, Stadtführerin und Interviewerin, bevor sie Verwaltungsfachangestellte wurde. Nach einigen Jahren mit befristeten Anstellungen in Behörden, Arbeitslosigkeit und Neuorientierung lässt sie sich zur »Kauffrau in der Grundstücks- und Wohnungswirtschaft« umschulen. Sie schreibt eine Initiativbewerbung an einen Immobilienmakler.

Cornelia Brünner
Freigasse 4
99425 Weimar
Tel.: 03643/ 881 923
E-Mail: conny@freenet.de

Immobilienbüro Bartsch
An der Mühle 12
99425 Weimar

Weimar, d. 2.3.11

Betr.: Bewerbung als Kauffrau in der Grundstücks- und Wohnungswirtschaft

Sehr geehrte Damen und Herren,

hiermit bewerbe ich mich um eine Stelle in Ihrem Büro. Ich lebe seit Kurzem in
Weimar und interessiere mich sehr für die herrlichen Gebäude dieser alten Stadt.
Herr Gotthart, der Ihnen bekannt sein müsste, hat mir geraten, mich an Sie zu
wenden.

Nach vielen Jahren als Verwaltungsangestellte im Saarland habe ich etwas Neues
begonnen: im schönen Weimar. Dann hätte ich zwar auch viel mit der Beratung von
Menschen zu tun, aber auf andere Art und Weise. Ich habe eine Umschulung
gemacht, weil ich vom öffentlichen Dienst weg wollte. Ich mache gern Spaziergänge
durch Stadtgebiete, die ich nicht kenne.

Nun etwas mehr zu meiner beruflichen Laufbahn: Ich komme aus der DDR, von
wo ich 1988 ausreiste. Nach dem Schulabgang (kurz vor dem Abitur) und einem
Au-Pair-Aufenthalt in Spanien beschäftigte ich mich mit Führungen und Befragun-
gen in Freiburg und Saarbrücken. Danach machte ich eine Ausbildung als
Verwaltungsfachangestellte in Saarlouis. Dort arbeitete ich noch einige Jahre und
nahm dann eine Stelle im Bürgerbüro an, wo ich von neuen Kollegen gemobbt
wurde. Wegen psychischer Probleme brauchte ich eine Abwechslung: Ich machte
eine Umschulung zur Kauffrau in der Grundstücks- und Wohnungswirtschaft, weil
ich etliche Bekannte habe, die auch in diesem Bereich arbeiten.

Wenn Sie mir etwas Passendes zu bieten haben, schreiben Sie mir bitte. Ich habe
Weimar bereits in meiner Jugendzeit kennen und lieben gelernt.

Mit freundlichen Grüßen,
Ihre

Cornelia Brünner

Anlagen: Lebenslauf mit Foto, Zeugnisse

Cornelia Brünner / Schlechte 1. Version / Anschreiben (Kommentar Seite 107)

Lebenslauf

Persönliche Daten
Cornelia Brünner
Geboren 1.3.1976 in Dessau
Ledig, keine Kinder

Schulen
8/82 bis 7/92	Grund- und Oberschule in Dessau
8/92 bis 2/94	Gymnasium in Tuttlingen (Abschluss: ohne)

Auslandsaufenthalte
1/95 bis 12/95	Au Pair-Mädchen in Sevilla, Spanien
4/96 bis 12/96	Reisen durch Lateinamerika und Australien

Berufsausbildung
8/98 bis 7/01	Berufsausbildung als Verwaltungsfachangestellte, Fachrichtung Kommunalverwaltung Forstamt Saarlouis

Berufserfahrung
2/97 bis 6/98	Job als Gästeführerin und Interviewerin, Freiburg und Saarbrücken
10/01 bis 12/05	Verwaltungsangestellte Forstamt Saarlouis
01/06 bis 06/08	Verwaltungsangestellte Bürgerbüro Saarlouis

Umschulung
01/09 bis 12/10	Umschulung zur Kauffrau in der Grundstücks- und Wohnungswirtschaft mit IHK-Abschluss Eppenstedt Bildungsgesellschaft, Weimar Praktikum: Immobilienbüro Walter, Weimar

Hobbys
Volleyball, Malerei, Reisen

Fremdsprachenkenntnisse:
Englisch (gut), Spanisch (gut), Französisch (Grundkenntnisse)

Cornelia Brünner / Schlechte 1. Version / Lebenslauf (Kommentar Seite 107)

Cornelia Brünner

Freigasse 4
99425 Weimar
Tel.: 03643 881923
E-Mail: cb@freenet.de

Immobilienbüro Bartsch
An der Mühle 12

99425 Weimar

Weimar, 02.03.2011

Initiativbewerbung
Kauffrau in der Grundstücks- und Wohnungswirtschaft

Sehr geehrter Herr Bartsch,

aus den Schilderungen von Herrn Gotthart sowie weiteren Bekannten habe ich einen
äußerst positiven Eindruck von Ihrer Tätigkeit gewonnen, illustriert durch einen
ansprechenden Internetauftritt. Es reizt mich sehr, für Ihr Büro Eigentumsobjekte zu
verkaufen. Spezialwissen besitze ich über Jugendstilgebäude, deren Vorzüge ich
besonders überzeugend darstellen kann.

Zu meinem beruflichen Hintergrund: Als langjährige Fachangestellte in der Verwaltung
besitze ich bereits Kenntnisse über Grundstücksfragen sowie Beratungspraxis aus meiner
Tätigkeit im Bürgerbüro.

Um meine beruflichen Möglichkeiten zu erweitern, erwarb ich eine zweite Qualifikation als
Kauffrau in der Grundstücks- und Wohnungswirtschaft. Schon während der Ausbildung
sammelte ich – neben meinem Praktikum in einem Immobilienbüro – erste praxisbezogene
Erfahrungen im neuen Beruf: Ich beobachte den Markt, indem ich interessante Stadtviertel
besichtige und Bekannte darin unterstütze, eine geeignete Wohnung zu finden. Meine
Beratungs- und Begeisterungsfähigkeit wird dabei sehr geschätzt.

Weimar ist mir schon aus meiner Jugendzeit in angenehmer Erinnerung. Ich freue mich
auf ein persönliches Gespräch mit Ihnen.

Mit freundlichen Grüßen

Cornelia Brünner

Anlagen

Cornelia Brünner / Verbesserte 2. Version / Anschreiben (Kommentar Seite 107)

Freigasse 4
99425 Weimar
Tel.: 03643 881923
E-Mail: cb@freenet.de

Was ich Ihnen zu bieten habe ...

✓ Ausbildung als Kauffrau in der Grundstücks- und Wohnungswirtschaft
✓ Erfahrung mit der Immobilienbranche aus Praktikum und privaten Kontakten
✓ Erfahrung mit Beratung und Betreuung aus weiterer Berufspraxis
✓ Fähigkeit, Interesse an scheinbaren Nebensächlichkeiten zu wecken
✓ Spezialisierung: Jugendstilgebäude und -inventar
✓ Einfühlungs- und Kommunikationsvermögen, Überzeugungskraft
✓ Kooperationsbereitschaft und Organisationsfähigkeit
✓ Bereitschaft, kurzfristig und flexibel zur Verfügung zu stehen
✓ Weltoffenheit und Sprachkenntnisse

Cornelia Brünner / Verbesserte 2. Version / Deckblatt (Kommentar Seite 107)

Lebenslauf

Cornelia Brünner

geboren am 01.03.1976 in Dessau

unverheiratet, keine Kinder; ortsungebunden

Berufsausbildungen

01/2009 bis 12/2010	Umschulung zur Kauffrau in der Grundstücks- und Wohnungswirtschaft mit IHK-Abschluss *Eppenstedt Bildungsgesellschaft, Weimar*
1998 bis 2001	Berufsausbildung als Verwaltungsfachangestellte, Fachrichtung Kommunalverwaltung *Forstamt Saarlouis*

Berufspraxis

Seit 01/2011	selbständige Vorbereitung auf eine Tätigkeit in der Immobilienbranche (Erkundung von Wohngebieten und Austausch mit Branchenangehörigen)
09 bis 11/2010	Praktikantin im Rahmen der Umschulung *Immobilienbüro Walter, Weimar*
2006 bis 2008	Verwaltungsangestellte (befristet) *Bürgerbüro Saarlouis* Beratung von Bürger/innen, v. a. in Wohnungsfragen
2001 bis 2005	Verwaltungsangestellte (befristet) *Forstamt Saarlouis* Sachbearbeitung von Genehmigungen, Grundstücksfragen sowie Assistenz des Forstamtleiters
1997 bis 1998	Fremdsprachige Führungen sowie Befragungen in Freiburg und Saarbrücken *(freiberuflich)*

Schulausbildung

1992 bis 1994	Gymnasium in Tuttlingen
1982 bis 1992	Grund- und Oberschule in Dessau

Cornelia Brünner / Verbesserte 2. Version / Lebenslauf 1. Blatt (Kommentar Seite 107)

Hobbys, Auslandsaufenthalte und Sprachkenntnisse

Impressionistische Malerei, Architektur (v. a. Jugendstil), Volleyball

Au-Pair-Aufenthalt in Spanien (1995)
Reisen durch Lateinamerika und Australien (1996)

Englisch, Französisch und Spanisch: gute bis sehr gute Kenntnisse

Ich stehe für Fachkompetenz,
Flexibilität, Kommunikationsvermögen
und Begeisterungsfähigkeit.
Meine Berufspraxis und Lebenserfahrung
haben mir gezeigt, dass man
mit dem besonders erfolgreich ist,
was man aus vollem Herzen tut!

Weimar, 02.03.2011

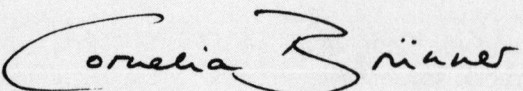

Cornelia Brünner / Verbesserte 2. Version / Lebenslauf 2. Blatt (Kommentar Seite 107)

Zu den Unterlagen von Cornelia Brünner

Version 1

Das **Anschreiben** wirkt etwas überladen, der Inhalt nicht genügend strukturiert. Frau Brünner beginnt mit einem schlichten, langweiligen Briefkopf und einer Datumszeile, die ein »d.« für das veraltete »den« enthält, ebenso wie das »Betr.« in einer Zeile, die in keiner Weise optisch hervorgehoben ist. Wir haben bereits mehrfach auf diese »Fehler« hingewiesen. Ebenso auf den Nachteil der »Sehr geehrte Damen und Herren«-Anrede.

Die Bewerberin erwähnt Ihre Kontaktperson mit der überflüssigen Bemerkung »der Ihnen bekannt sein müsste«. Im zweiten Absatz begründet sie ihre Umschulung auf eine recht negative Art und Weise und stellt die Auskünfte über ihren beruflichen Werdegang weder chronologisch noch logisch nachvollziehbar dar.

Bei der beruflichen Laufbahn brauchen Frau Brünners Herkunft, der Schulabbruch und das Au-Pair-Jahr nicht erwähnt zu werden. Die folgende Aufzählung der verschiedenen Tätigkeiten ist übertrieben ausführlich, einige Details sind zu persönlich und auch noch unvorteilhaft, wie das Mobbing und die psychischen Probleme.

Der abschließende Satz deutet zwar an, dass Frau Brünner weiß, worauf sie sich einlassen will, aber vielleicht ist die persönliche Beziehung zum Ort doch etwas zu sentimental. Das »Ihre« vor der Unterschrift sollte entfallen.

Der **Lebenslauf** erfüllt die Mindestanforderungen, was Abstände und Übersichtlichkeit angeht. Das eher unsympathische Foto lässt leider gar nichts vom vielseitigen, kommunikativen Wesen der Bewerberin erahnen.

Die chronologische Aufzählung beginnt mit unwichtigen Schuldaten (hier sollte der nicht gemachte Abschluss nicht unbedingt herausgestellt werden) und endet mit der interessanten Zweitqualifikation (unbedingt umstellen, das Neue an den Anfang!). Etwas verwirrend sind die Jahresangaben mit nur zwei Ziffern, da sie aus zwei Jahrtausenden stammen. Durch die Ergänzung der Monatsangaben sind alle Lücken sofort ersichtlich.

Die Auslandsaufenthalte werden für diese Tätigkeit zu stark betont. Durch die Trennung von »Berufsausbildung« und »Umschulung« kommt die Doppelqualifikation von Frau Brünner nicht ausreichend zum Ausdruck. Das Reisen als Hobby kann entfallen und die Fremdsprachenkenntnisse sind zu detailliert aufgeführt. Zudem hat Frau Brünner die Datumszeile vergessen. Ihre Unterschrift erscheint vielleicht etwas sehr außergewöhnlich!

Version 2

Im **Anschreiben** reduziert Frau Brünner den Text auf das Wesentliche und gliedert ihn deutlich besser. Sie hat eine »seriösere« E-Mail-Adresse angegeben, ihren Namen hervorgehoben und alles an den rechten Rand verschoben. So leicht ist ein positiver Effekt zu erzielen! Die Betreffzeile findet sofort die Aufmerksamkeit des Lesers. Das Anschreiben wirkt auch jetzt nicht mehr so mühsam und überfüllt. Der Trick: Die Bewerberin hat sich für eine um einen Punkt kleinere Schrift entschieden!

Die Kandidatin setzt die persönliche Verbindung mit dem Ansprechpartner ihrer Bewerbung geschickt ein und weist auf ihre Spezialität hin. Anschließend fasst sie die wesentlichen Aspekte ihrer Qualifikation und Praxiserfahrung zusammen. Mit dem abschließenden Satz verstärkt sie ihr persönliches Interesse am Einsatzort.

Dem **Lebenslauf** hat die Bewerberin ein Deckblatt vorangestellt, das ein interessantes Foto von ihr mit gewinnendem Lächeln, leicht verschränkten Armen und einem ungewöhnlichen Format bei minimalem Kopfanschnitt enthält. Auch die Unterschrift wirkt positiv an dieser Stelle. Das ist alles schon deutlich interessanter.

Die folgende Liste fasst zusammen, was Frau Brünner dem Immobilienbüro an Qualifikation, Praxis und sozialen Kompetenzen anzubieten hat – so beweist sie Selbstbewusstsein und Kreativität. Sie ordnet ihre Laufbahn nach dem amerikanischen System an, das Aktuelle – in diesem Fall auch das Wichtige – zuerst. Sie schließt hier aber auch ihre Ausbildung zur Verwaltungsfachangestellten ein, weil diese in die gleiche Kategorie gehört. Geschickt löst sie das Problem des fehlenden Abitur-Abschlusses, indem sie diesen einfach nicht erwähnt. Bei allen Daten (außer den neuesten) gibt sie die Jahreszahlen an, wodurch die Lücken verdeckt werden.

Bei ihrer Berufspraxis als Verwaltungsfachangestellte führt sie Schwerpunkte auf, die ihre

---

LERNTEST

7. Lerntest: Ihre Einschätzung ist gefragt

Wie hoch schätzen Sie die Prozentzahl der Arbeitsplatzbesetzungen durch Initiativbewerbungen ein?

a) über 90 %
b) zwischen 50–60 %
c) etwa bei 50 %
d) zwischen 20–40 %
e) höchstens um die 10 %
f) schwer zu sagen, aber unter 5 %

Die richtige Lösung finden Sie auf Seite 128.

Lösung 6. Lerntest: Richtig sind die Antworten a bis e.

Ausrichtung erläutern. Hobbys und Auslandsaufenthalte sowie Sprachkenntnisse sind jetzt zusammengefasst. Besonders überzeugend wirkt der hervorgehobene Absatz »Ich stehe für ...«, mit dem Frau Brünner nochmals betont, was sie auszeichnet und ihr Lebensmotto darstellt.

Im hier aus Platzgründen nicht gezeigten Anlagenverzeichnis finden sich übersichtlich alle wesentlichen Ausbildungs- und Arbeitszeugnisse.

Einschätzung
Ein gelungenes Beispiel einer Initiativbewerbung mit Charme und Charakter!

KLASSISCHE GEGENARGUMENTE
DAS GEHALT

Immer wieder findet man in Stellenanzeigen die Aufforderung, seinen Gehaltswunsch und den frühestmöglichen Eintrittstermin mitzuteilen. Manchmal wird sogar direkt um die Angabe der aktuellen Bezüge gebeten. Viele Bewerber ahnen, dass es genau bei diesem Thema für sie schwierig werden könnte. Sie haben bisher deutlich mehr verdient, als üblicherweise jetzt bezahlt wird, oder sie lagen mit ihrem Gehalt stark unter dem Durchschnittseinkommen. In beiden Fällen befürchten die Bewerber zu Recht, dass man ihnen mit Skepsis oder sogar Misstrauen begegnen könnte. In der Konsequenz: Zweifel an der Eignung und der Kompetenz und keine Einladung zum Vorstellungsgespräch.

Was hilft?
Umgehen Sie so lange wie möglich die Benennung Ihres Gehaltswunsches.
Zunächst einmal: Wird diese Bitte nicht im Anzeigentext vorgetragen, schreiben Sie auf keinen Fall, was Sie aktuell verdienen und wie Sie sich bei einem Wechsel die neue Bezahlung vorstellen. Das hat Zeit und ist erst Verhandlungsgegenstand, wenn die andere Seite, der potenzielle neue Arbeitgeber, »angebissen« hat.

Werden Sie allerdings im Anzeigentext explizit dazu aufgefordert, könnten Sie dies natürlich ignorieren – was nicht optimal wäre – oder mit dem lapidaren Satz quittieren, dass Sie eine der Position angemessene, übliche Vergütung erwarten.

Besser jedoch ist die Angabe einer realistischen Gehaltsspanne, etwa so: »Meine Gehaltsvorstellungen liegen zwischen 35 und 40.000 Euro p. a.« Eine Spanne von ungefähr 10 bis 15 Prozent ist dabei gut vertretbar. Sind Sie deutlich festgelegter, was Ihren zukünftigen Verdienst anbetrifft, formulieren Sie: »Mein Jahreseinkommen sollte um 25.000 Euro betragen.« Mehr zum Thema Gehalt finden Sie auch unter www.berufsstrategie-plus.de.

Kommentiertes Beispiel

Alfred Berning
(Bewerbungsunterlagen auf Seite 109 ff.)
Der 36 Jahre alte Bewerber hat eine Karriere im Bereich Hotellerie und Touristik gemacht, wo er als Führungskraft für Personal und Budget verantwortlich war. Die Grundlage bildeten das Training als Betriebsassistent in einem renommierten Hotel sowie ein Fernstudium. Sein Profil ist darüber hinaus durch internationale Erfahrungen und Kontakte geprägt. Seit einigen Jahren leitet er ein Kurzentrum. Er weiß, dass seine Kompetenzen und Referenzen eine gehobene Vergütung rechtfertigen – umso mehr müssen seine Bewerbungsunterlagen einem hohen Anspruch genügen!

Alfred Berning

Musterstraße 94
55430 Oberwesel
Tel. 02 01 - 12 34 56

Kino-Center Hamburg GmbH
Herrn Mertens
Neue Straße 176

20148 Hamburg

11.3.2011

Ihre Anzeige im Hamburger Abendblatt: Betriebsleiter

Sehr geehrter Herr Mertens,

wie schön, dass Sie eine für mich so interessante Position zu besetzen haben. Mein bestehendes Arbeitsverhältnis ist befristet und läuft zum 30. September aus. Ich suche also zum 1. Oktober – bei Bedarf auch früher – ein neues spannendes Betätigungsfeld.

In der Vergangenheit habe ich viel mit Personal und Management in der Hotellerie und im Tourismus zu tun gehabt, ein sehr kommunikatives Arbeitsfeld, dem meine ganze Sympathie und große Begeisterung gehören. Ich fand es immer schon reizvoll, mit vielen Menschen nach außen und innen zu kommunizieren, um so eine Dienstleistung perfekt zu managen.

Hinzu kommt noch, dass Hamburg die Geburtsstadt meiner Frau und damit für uns absolute Favoritin in Deutschland ist. Ich suche deshalb ganz gezielt eine Stelle an Alster und Elbe. Und an dem Kino-Center Hamburg reizen mich besonders die vielfältigen Aufgaben eines solchen Unternehmens.

Wir sollten also miteinander sprechen. Für einen Vorstellungstermin stehe ich Ihnen gern jederzeit zur Verfügung. Rufen Sie mich einfach an oder schreiben Sie mir. Ich freue mich darauf!

Mit freundlichen Grüßen

Alfred Berning

Alfred Berning

Bewerbung

als	Betriebsleiter Kino-Center
Anlagen	Bewerbungsschreiben Persönliche Daten Tabellarischer Lebenslauf Zeugniskopien
	Alfred Berning Musterstraße 94 55430 Oberwesel ☎ 02 01 - 12 34 56

Alfred Berning / Schlechte 1. Version / Deckblatt (Kommentar Seite 121)

Persönliche Daten

Name:	Alfred Berning
Anschrift/Tel.:	Musterstraße 94
	55430 Oberwesel
	☎ 02 01 - 12 34 56
Letzte Tätigkeit:	Kurdirektor
	Bad Wesel
Gehalt:	48.000 Euro p.a.
einsatzbereit ab:	Oktober, evtl. früher
Geburtsdatum/-ort:	11. Juli 1974/Marburg
Familienstand:	verheiratet
Schulabschluss:	Abitur
	US-High-School-Diplom
Berufsausbildung:	Meyer Hotel Berlin
	3 Jahre Management-Training
Besondere Kenntnisse:	Ausbildereignungsprüfung
	PC mit gängiger Anwendersoftware
	Führerschein Kl. B
Fremdsprachen:	Englisch fließend in Wort und Schrift
	Französisch gut

Alfred Berning / Schlechte 1. Version / Lebenslauf 1. Blatt (Kommentar Seite 121)

Tabellarischer Lebenslauf

Datum		Praktische Tätigkeit	Sonstiges
von	bis		
1991	1992	**Ein Schuljahr im Ausland** Winter Haven, Florida/USA	US-High-School-Diplom
1984	1994	**Goethe-Gymnasium, Hamburg**	Abitur
10.94	11.97	**Meyer Hotel Berlin** - 3 Jahre Management-Training Fernstudium „Educational Institute of the American Hotel & Motel Association"	Zertifikate: siehe Anhang
12.96	02.97	**Hotel Lancaster, Paris, Frankreich** - im Rahmen der Berufsausbildung als Assistent der 1. Hausdame	
12.97	04.00	**Meyer Hotel, Davos, Schweiz** - Finanzbuchhalter bis 10.98 - stv. Verwaltungsleiter ab 12.98	Seminar „Führen durch Zielvereinbarungen"
06.00	12.00	**Meyer Hotels Verwaltungs-GmbH, Frankfurt** Hauptabteilung Rechnungswesen - Verwaltungsleiter-Trainee, Bereiche Lohnbuchhaltung und Personalwesen	
01.01	03.02	**Meyer Hotel, Augsburg** - Verwaltungsleiter/kaufm. Leiter	EDV-Schulungen „Multiplan" und „Minervas"
04.02	06.03	**Weiter-Reisen, Hamburg** - Verkaufsleiter. Ein Jahr im Ausland	
07.03	12.03	**Zeitarbeit GmbH, Hamburg** - Sachbearbeiter Röntgen Systeme GmbH, Hamburg	
01.04	05.04	**Röntgen Systeme GmbH, Hamburg** - Sachbearbeiter Abt. Internationales Marketing Radiographie	
06.04	10.04	**Veranstaltungsmanagement GmbH, Berlin** - Projektleiter	
11.04	01.05	**ohne Beschäftigung**	
02.05	06.06	**Pear Werbeagentur GmbH, Berlin** - Assistent der Geschäftsführung	Ausbilderprüfung
07.06		**Bad Wesel Kurzentrum** - Kurdirektor (Leiter des Kurbetriebes)	

Alfred Berning / Schlechte 1. Version / Lebenslauf 2. Blatt (Kommentar Seite 121)

Alfred Berning   •   Musterstraße 94   •   55430 Oberwesel   •   Tel. 0201 123456

Kino-Center Hamburg GmbH
Herrn Mertens
Neue Straße 176
20148 Hamburg

Oberwesel, 11. März 2011

Betriebsleiter Kino-Center Hamburg
Ihre Anzeige im Hamburger Abendblatt vom 2./3. März 2011

Sehr geehrter Herr Mertens,

in einem Telefonat mit Ihrem Büro erfuhr ich heute, dass das Auswahlverfahren für die zu besetzende Position noch nicht abgeschlossen ist. Sie beschreiben in Ihrer Anzeige eine Herausforderung, die mich sehr interessiert.

Seit Jahren bin ich als Führungskraft mit Personal- und Budgetverantwortung in Unternehmen der Hotellerie und Touristik tätig. Dabei konnte ich Kommunikationsstärke, Teamfähigkeit und Organisationsgeschick beweisen. Überdurchschnittliche Flexibilität und Einsatzbereitschaft runden mein Profil ab.

Ich strebe eine Führungsposition mit einem Anforderungsprofil an, das zu mir passt. Als meine besonderen persönlichen und beruflichen Stärken empfinde ich:

- Erfahrung in der Führung und Motivation von Mitarbeitern,
- gutes Organisations- und Verhandlungsgeschick,
- Leistungsbereitschaft, Erfolgswille und Durchsetzungsfähigkeit.

Es würde mich freuen, wenn Sie mich nach Prüfung meiner Bewerbungsunterlagen zu einem Vorstellungsgespräch einladen. Hier könnten wir weitere Details wie Eintrittstermin und Gehaltsfragen besprechen.

Mit freundlichen Grüßen

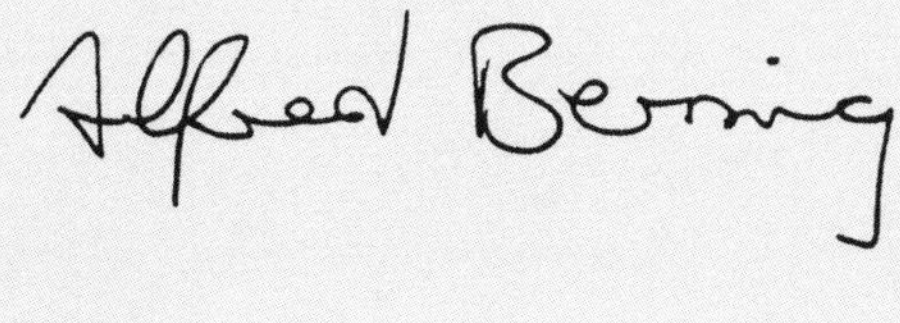

Alfred Berning

Anlagen

Alfred Berning / Verbesserte 2. Version / 1. Blatt (Kommentar Seite 121)

Alfred Berning   •   Musterstraße 94   •   55430 Oberwesel   •   Tel. 0201 123456

Bewerbung

als   Betriebsleiter

für   Kino-Center Hamburg GmbH
                   Herrn Mertens
                   Neue Straße 176
                   20148 Hamburg

es folgen   Überblick
                   Resümee
                   Werdegang
                   Anlagen

↳ Überblick

Alfred Berning / Verbesserte 2. Version / Deckblatt (Kommentar Seite 121)

Alfred Berning • Musterstraße 94 • 55430 Oberwesel • Tel. 0201 123456

Überblick

Personendaten	Alter	36 Jahre
	geboren am	11. Juli 1974 in Marburg
	Familienstand	Verheiratet, zwei Kinder
Werdegang	letzte Tätigkeit	Kurdirektor Bad Wesel
	Berufsausbildung	Betriebsassistent Hotellerie
	Schulabschluss	Abitur/US-High-School-Diplom
aktuelle Situation	Kurdirektor	Leitungsmanagement
Kenntnisse	Fremdsprachen	Englisch fließend
		Französisch gut
	Ausbilderprüfung	
	PC mit gängiger Software	
	Führerschein Klasse 3	
Interessen	Sport: Reiten, Jogging	
	Werbung und Gestaltung	
	Psychologie	
Gehaltswunsch	um 40.000 Euro p.a.	

↳ Resümee

Alfred Berning / Verbesserte 2. Version / Werdegang 1. Blatt (Kommentar Seite 121)

Alfred Berning • Musterstraße 94 • 55430 Oberwesel • Tel. 0201 123456

Resümee

Ich bin
ein optimistischer Mensch mit ausgeprägtem
Selbstvertrauen und einem hohen Maß an Eigeninitiative.
Es ist meine Überzeugung, dass alles wirklich Gewollte
im Leben machbar ist.
Entscheidungen und Risiken gehe ich nicht aus dem Weg.
Auf Ehrlichkeit und Echtheit in Ausdruck und Verhalten
lege ich großen Wert.
Und noch etwas: Ich habe Humor.

Ich kann
mir Ziele selbst definieren und erreichen, viel leisten,
Stress positiv erleben, gut planen und organisieren
und mich voll und ganz engagieren.

Ich habe
Berufs- und Lebenserfahrung, ein gut entwickeltes Talent
für Kommunikation und den Umgang mit Menschen.
Dies macht mich erfolgreich.
Dabei habe ich mir die Fähigkeit zur Teamarbeit bewahrt.
Neben fachlicher Kompetenz waren für meinen
beruflichen Aufstieg vor allem Begeisterungsfähigkeit,
Lernbereitschaft und Flexibilität entscheidend.

Ich will
eine Leitungsaufgabe, die meine Kenntnisse fordert,
die Handlungsspielraum und Entwicklungschancen bietet,
eine Position, in der ich meine Führungsqualitäten
einsetzen und weiter ausbauen kann;
ein Unternehmen, mit dem ich mich identifiziere.

✍ Werdegang

Alfred Berning / Verbesserte 2. Version / Werdegang 2. Blatt (Kommentar Seite 121)

Werdegang

Tourismus und Hotellerie

seit 07.06

Bad Wesel Kurzentrum
- *Kurdirektor* (Leiter des Kurbetriebes)

04.02 – 06.03

Weiter-Reisen GmbH, Hamburg
- *Verkaufsleiter* (ein Jahr im Ausland)

10.94 – 03.02

Meyer International Hotelkonzern:
Meyer Hotel, Augsburg
- *Verwaltungsleiter*

Meyer Hotel Verwaltungs-GmbH, Frankfurt
Hauptabteilung Rechnungswesen
- *Trainee zum Verwaltungsleiter*

Meyer Hotel, Davos
- *stv. Verwaltungsleiter und Finanzbuchhalter*

Meyer Hotel, Berlin
- *Trainee zum Betriebsassistenten*
  Parallel: Fernstudium beim „Educational Institute
  of the American Hotel Association"

neue Horizonte

07.04 – 06.06

Veranstaltungsmanagement GmbH, Berlin
- *Projektmanagement*

Pear Werbeagentur GmbH, Berlin
- *Office Management, Werbung*

↳ Werdegang

Alfred Berning / Verbesserte 2. Version / Werdegang 3. Blatt (Kommentar Seite 121)

Qualifizierung

04.06	Ausbilderprüfung vor der IHK zu Bremen

andere Länder

10.07–12.07   Richmond, Virginia/USA
* *Erweiterung der Sprachkenntnisse*

10.00–12.00   Meyer Hotel Saanen-Gstaad
* *Unterstützung der Verwaltungsleitung*

12.96–02.97   Hotel Lancaster, Paris
* *Praktikum in Housekeeping*

08.91–06.92   Ein Schuljahr im Ausland, Winter Haven, Florida/USA
* *Abschluss der US-High-School mit Diplom*

Engagement

11.03–02.08   Management-Vereinigung e.V. Niedersachsen
* *Kassenführer im Bundesvorstand*

Schulbildung

09.84–05.94   Goethe-Gymnasium, Hamburg
* *Abitur*

11. März 2011

Alfred Berning (Unterschrift)

↳ Anlagen

Alfred Berning / Verbesserte 2. Version / Werdegang 4. Blatt (Kommentar Seite 121)

Alfred Berning • Musterstraße 94 • 55430 Oberwesel • Tel. 0201 123456

Anlagen

zum Werdegang

Arbeitszwischenzeugnis Kurdirektor Bad Wesel

Weiter-Reisen GmbH, Hamburg

Meyer Hotel, Augsburg

Meyer Hotel, Frankfurt

Meyer Hotel, Davos

Meyer Hotel, Berlin

zu Auslandsaufenthalten

Hotel Lancaster, Paris

Diplom High School, USA

zur Qualifizierung

IHK Bremen, Ausbildereignungsprüfung

zur Schulbildung

Zeugnis Allgemeine Hochschulreife

↳ Zeugniskopien

Alfred Berning / Verbesserte 2. Version / Anlagenverzeichnis (Kommentar Seite 121)

Alfred Berning • Musterstraße 94 • 55430 Oberwesel • Tel. 0201 123456

Kino-Center Hamburg GmbH
Herrn Mertens
Neue Straße 176
20148 Hamburg

23. März 2011

Vorstellungsgespräch am Mittwoch, den 22. März 2011
Meine Bewerbung als Leiter des Kino-Centers Hamburg

Sehr geehrter Herr Mertens,

vielen Dank für das ausführliche und informative Gespräch. Besonders die offene,
gute Gesprächsatmosphäre sowie Ihre Ausführungen über Unternehmensaktivitäten
und -ziele wusste ich zu schätzen.

Sehr gerne möchte ich als hauptverantwortlicher Leiter Ihres Hauses tätig werden und
mein ganzes Wissen und Engagement für die Optimierung Ihres Unternehmens einbringen.

Aus meiner Sicht sprechen für mich
• mein breites Spektrum an Organisationserfahrung,
• meine Mitarbeiter-Führungskompetenz,
• meine besondere Stressresistenz.

Bereits zum 1. Juli 2011 könnte ich Ihrem Unternehmen zur Verfügung stehen. Wenn Sie mir
– wie in Aussicht gestellt – bei der Wohnungsbeschaffung behilflich sind, sehe ich einem
Erfolg versprechenden Start in der zweiten Jahreshälfte mit Freude entgegen.

Auf die Fortsetzung unseres Gespräches gespannt
grüße ich Sie herzlichst

Alfred Berning

Alfred Berning / Nachfassbrief (Kommentar Seite 121)

Zu den Unterlagen von Alfred Berning

Version 1

Mit einem elegant-schwungvollen Briefauftakt (»... wie schön ...«) glaubt Herr Berning, im **Anschreiben** die Aufmerksamkeit des Lesers zu gewinnen. Bei allen Bemühungen – er irrt! Auch die Formulierung »spannendes Betätigungsfeld« könnte für Freudianer Anlass für komplexe Rückschlüsse sein ... Die beiden folgenden Absätze sind eher eine Aneinanderreihung von Stilblüten und Peinlichkeiten, auf die wir hier nicht näher eingehen wollen, obwohl der eine oder andere Leser vielleicht manche Formulierung als gar nicht so schlimm empfindet. »Wir sollten also miteinander sprechen« ist zu plump und anbiedernd. Zu guter Letzt: Der Name gehört nicht maschinenschriftlich unter die Unterschrift.

Die **Deckblatt**-Gestaltung ist durchaus akzeptabel, die folgende Seite mit den **persönlichen Daten** außergewöhnlich, wenngleich optisch nicht ausgereift, das **Foto** aber zu schlicht und unspektakulär. Die Benennung des aktuellen Gehalts in dieser Höhe ist äußerst ungeschickt. Der Kandidat wird mit weniger Einkommen auskommen müssen, sollte aber seinem potenziellen Arbeitgeber keinen Grund liefern, ihn aus diesen Gründen (weniger Gehalt = geringere Motivation) auszusortieren.

Am schlimmsten ist jedoch der sich anschließende tabellarische **Lebenslauf**, mit dem sich Herr Berning bestimmt viel Mühe gegeben hat. Leider hat auch hier seine kreativ-überschießende Art einen negativen Effekt. Trotz einer vermeintlichen Systematik wirkt diese Seite alles andere als lesefreundlich und präsentiert obendrein Herrn Berning als »Jobhopper« mit gelegentlicher Arbeitslosigkeit.

Außerdem fehlt bei dieser ersten Version eine **Anlagen**-Übersichtsseite.

Das Ergebnis: unbefriedigend. Auf über 80 Bewerbungen in dieser Form erfolgten nur drei Einladungen!

Nach etwa 2 Stunden Beratung in unserem Büro für Berufsstrategie entstand eine völlig neue Konzeption und Präsentation, die den Kandidaten in einem vollkommen anderen Licht erscheinen lässt. Aber urteilen Sie selbst ...

Version 2

Mit einem gut gegliederten **Anschreiben** argumentiert der Bewerber überzeugend, warum man ihn einladen sollte. Der Abschlussabsatz hätte vielleicht etwas souveräner ausfallen können. Beispiele dafür geben die Briefe anderer Kandidaten in diesem Buch.

Das **Deckblatt** ist überraschend anders, recht kreativ und dabei spannend gestaltet (»es folgen ...«). Interessant auch das **Fotoformat** und der sympathisch lächelnde Kandidat. Auf der nächsten Seite trifft man wieder auf eine gelungene, sinnvolle Überraschung, die schnell und übersichtlich über den Kandidaten informiert (bis hin zum realistischeren Gehaltswunsch!). Die Fußzeile ermöglicht eine Vorschau auf die nächste Seite. Mit Spannung blättert der Leser weiter und ist bestimmt nicht schlecht bedient mit dem Resümee-Text.

Sowohl die beiden folgenden Seiten zum **Werdegang** als auch das übersichtliche **Anlagenverzeichnis** verstärken den bis dahin gewonnenen positiven Gesamteindruck. Man kann nicht allen gefallen wollen, doch diese hier vorgestellte Form findet garantiert ihre Wertschätzung. Damit erfüllt sie voll und ganz das Ziel und führt bestimmt zu der angestrebten Einladung zum Vorstellungsgespräch.

Einschätzung

Eine wirklich angenehm beeindruckende Bewerbungsmappe, die kaum noch Wünsche offen lässt. Der Kontrast zur ersten Version könnte nicht größer sein. Weder vom »Jobhopping« noch von Arbeitslosigkeit ist jetzt noch die Rede. In der Realität führte diese Neukonzeption der Bewerbungsunterlagen in relativ kurzer Zeit zum gewünschten Ziel, einem neuen Arbeitsplatz (vier Aussendungen, drei Einladungen!).

Krönender Abschluss ist hier der sogenannte **Nachfassbrief** – eine wichtige Chance, nach dem Vorstellungsgespräch den positiven Eindruck noch zu verstärken.

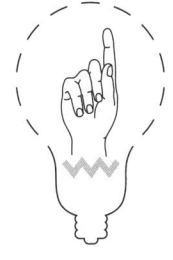

Was bin ich für ein Esel gewesen

Lange Zeit hatte ich mich immer wieder gewundert, warum meine sehr schönen Bewerbungsunterlagen mir nur so wenige Einladungen zum Vorstellungsgespräch eingebracht hatten. Auf wirklich sorgfältig ausgewählte Stellenausschreibungen, zu denen meine Qualifikationen bestens passten, erhielt ich lediglich bei etwa jeder zehnten eine Einladung zum Vorstellungsgespräch. Bis ... ja, bis ein Profi sich meiner Unterlagen annahm und mir aufzeigte, dass allein im Anschreiben drei starke Flüchtigkeitsfehler waren und selbst im Lebenslauf sich weitere zwei versteckten. Als der Schaden behoben war, bekam ich auf vier Bewerbungen eine direkte Einladung und etwa zwei Telefoninterviews, woraufhin dann mindestens eine weitere Einladung folgte. Hatte ich zuvor ein gutes Dreivierteljahr ohne Erfolg herumlaboriert, fand ich innerhalb von weniger als drei Monaten einen neuen Super-Job. So kann's gehen ...

DAS ALTER

Leider spielt das Alter von Bewerbern immer noch eine große Rolle. Manch einer gilt als zu jung, um Verantwortung zu übernehmen, aber noch viel häufiger sind Bewerber den Personalern zu alt. Der eine Bewerber hat eine zu einfache Ausbildung, der andere gilt als überqualifiziert. Ihr Ziel besteht u. a. also darin, die für den jeweiligen Entscheider genau richtige Arbeitserfahrung (Alter, Kompetenz) nachzuweisen. Gelungene Beispiele finden Sie unter www.berufsstrategie-plus.de.

ZU JUNG UND/ODER UNTERQUALIFIZIERT

Was heißt eigentlich zu jung? Das kommt sehr auf die Art der Tätigkeit an: In einfachen Berufen betrifft es vielleicht unter 20-Jährige, während verantwortungsvolle Aufgaben erst Bewerbern ab Mitte 30 zugetraut werden.

Junge Menschen nehmen in der Werbewelt eine herausragende Stellung ein und sind auch als Arbeitnehmer sehr begehrt. Dies gilt jedoch nur dann, wenn sie wenigstens etwas Berufserfahrung mitbringen. Gerade darin aber liegt das Problem, mit dem die Jungen zu kämpfen haben – ohne Praxis keinen Job, ohne Job keine Praxis! Noch schlechter sehen die Einstellungschancen aus, wenn Bewerber keine oder nur eine abgebrochene Ausbildung mitbringen: Ein Berufsabschluss besitzt in Deutschland eine elementare Bedeutung, in manchen Bereichen, wie z. B. dem öffentlichen Dienst, sogar die wichtigste.

Wenn fehlende Qualifikation und mangelnde Berufserfahrung zusammentreffen und nicht einmal das Lebensalter eine gewisse Reife erwarten lässt, stehen die Chancen für den Betreffenden schlecht. Davon zeugt die hohe Jugendarbeitslosigkeit.

Was hilft?
Wenn Sie zu dem betroffenen Personenkreis gehören, ziehen Sie alle Register, um den Arbeitgeber von Ihrer Eignung zu überzeugen. Geben Sie alles an, was sich nach Berufserfahrung anhört:

- Praktika
- Jobs
- Auslandserfahrung, auch längere Reisen (bereits ab einem Monat, besser natürlich drei und mehr)
- ehrenamtliche oder selbständige Tätigkeiten im Berufsfeld
- oder Mithilfe im Familienbetrieb (auch im erweiterten Verwandten- oder Bekanntenkreis)

Wenn Sie etwas Fantasie besitzen, fällt Ihnen sicherlich einiges ein, das Sie überzeugend vertreten können – nicht für alles müssen Sie Zeugnisse beibringen und manche können von selbständigen Verwandten oder Bekannten leicht erstellt werden.

Ein paar typische Tätigkeiten und was Sie dabei lernen können
Bei der Betreuung von Kinder- und Jugendgruppen, als Babysitter, Nachhilfelehrer oder Trainer beweisen und verbessern Sie Führungskompetenz, Verantwortungsbewusstsein, Einfühlungsvermögen … Beim Reparieren des Motorrads, Experimentieren mit dem Chemiebaukasten oder Aufrüsten des PCs auch für Freunde und Bekannte gewinnen Sie technisches Verständnis, praktisches Geschick und Problemlösungsfähigkeit.

Kommentiertes Beispiel

Laura Altenburg
(Bewerbungsunterlagen auf Seite 123 ff.)
Laura hat eine Lehre als Zimmerin begonnen, diese jedoch nicht beendet. Sie möchte gern in einem Geschäft mit einer (kunst-)handwerklichen Richtung jobben, mit dem Fernziel, dort eine Ausbildung zu machen. Daher bewirbt sie sich bei einem Bilderrahmen-Hersteller, der eine handwerklich versierte Allround-Hilfskraft für einfache Buchhaltungstätigkeiten, kleinere Reparaturen und Reinigung sucht. Diesen Vorstellungen entspricht die 20-jährige Laura nicht gerade, da sie wenig Lebens- und Berufserfahrung mitbringt.

Die Stellenanzeige:

Bilderrahmen-Fachgeschäft sucht

handwerklich versierte Allround-Hilfskraft

für einfache Buchhaltungstätigkeiten,
kleinere Reparaturen und Reinigung,
20 Std./W., auch ungelernt.
Bewerbungen mit Lebenslauf und Lichtbild an:
Leuther Bilderrahmen,
Klausplatz 8, 41209 Mönchengladbach

Leuther Bilderrahmen Klausplatz 8 41209 Mönchengladbach	Laura Altenburg Badstraße 6 41230 Mönchengladbach

Mönchengladbach, den 11.5.2011

Sehr geehrter Herr Leuther,

ich bewerbe mich hiermit um die Stelle der Hilfskraft in Ihrem Laden.

Ich bin 20 Jahre jung, liebe die Kunst und Malerei und male auch in meiner Freizeit selber sehr gerne. In der Schule hatte ich im Kunstunterricht immer eine gute Note.

Handwerklich bin ich sehr geschickt und an vielem interessiert und offen.
Auch wenn es in meiner Ausbildung nicht optimal gelaufen ist, so bin ich doch langfristig an einer soliden Lehre interessiert.

Zur Zeit arbeite ich im Supermarkt um meinen Beitrag zum Lebensunterhalt mir selbst zu verdienen.

Viele Grüße von Ihrer

Laura Altenberg / Schlechte 1. Version / Anschreiben (Kommentar Seite 127)

<u>Lebenslauf</u>

Geburt von Laura Altenburg am 21.4.1991 in Venlo
Ich bin 20 Jahre jung.

Eltern:
Mutter: Hella Altenburg, geb. am 3.3.1966 (Erzieherin)
Vater: Mark Volkmann, geb. am 25.7.1965 (Straßenmaler)

Geschwister:
Lena, geb. am 3.5.1993
Luise, geb. am 1.1.1997

Umzug nach Mönchengladbach: 3.6.1998

Einschulung in Grundschule: 1.9.1997
Wechsel auf Jean-Paul-Sartre-Oberschule: 24.8.2001
Erweiterter Hauptschulabschluss: 13.6.2008 (Notendurchschnitt: 2,3)

Lehre als Zimmerin bei Werkstatt Lumber: 1.9.2008
Abruch der Lehre: 3.4.2010

Auszug von Mutter zu meinem Freund: 20.9.2010

Seitdem: viel gemalt sowie mit Band geprobt wo ich Keyboard spiele, ein paar
Auftritte im Jugendheim

Hobbys und Interessen: Malen und Kunst

Ich bin auch an einem Ausbildungsplatz interessiert!

badstraße 6   41230 mönchengladbach   tel. 02161 2613449   e-mail: laura@wild.de

Herrn Wilhelm
Leuther Bilderrahmen
Klausplatz 8
41209 Mönchengladbach

Mönchengladbach, 11.05.2011

Anzeige im Rheinischen Kurier vom 07.05.11
– Handwerklich versierte Hilfskraft –

Sehr geehrter Herr Wilhelm,

als Hobby-Malerin und Keyboardspielerin in einer Band fühle ich mich von Ihrer Anzeige sehr angesprochen. Ich stamme aus einer künstlerischen Familie.

Durch meine Vorkenntnisse aus der Ausbildung als Zimmerin fällt es mir leicht und bringt es mir großen Spaß, Reparaturen an meinem Instrument vorzunehmen sowie auch gelegentlich im Jugendheim, für das ich mich engagiere, bei Holzarbeiten aktiv mitzuhelfen.

Buchhaltungskenntnisse habe ich in der Hauptschule erworben.

Zur Bewältigung der von Ihnen beschriebenen Aufgaben bringe ich gute Voraussetzungen mit. Ich bin absolut zuverlässig und arbeite mich schnell ein. Es liegt mir viel daran, meine Kenntnisse in der Praxis anzuwenden und wesentlich zu erweitern.

Gern suche ich Sie in Ihrem Geschäft auf, damit Sie mich persönlich kennenlernen.

Mit freundlichen Grüßen

Laura Altenburg

Anlagen

badstraße 6   41230 mönchengladbach   tel. 02161 2613449   e-mail: laura@wild.de

Lebenslauf

Persönliches

- Laura Altenburg
- Geburt am 21.04.1991 in Venlo
- Eltern: Hella Altenburg, Erzieherin
  und Mark Volkmann, Kunstmaler
- Umzug nach Mönchengladbach: 1997

Schule

09/1997 – 08/2001   Grundschule in Venlo

09/2001 – 08/2008   Jean-Paul-Sartre-Oberschule, Mönchengladbach
Erweiterter Hauptschulabschluss (Note: gut)

Berufsausbildung

09/2008 – 04/2010   Zimmerin-Ausbildung bei Werkstatt Lumber, Mönchengladbach
Schwerpunkte u. a. Dachausbau, Fachwerksanierung

Jobs

Seit 06/2010   Hilfskraft bei Aldi und Lidl
Regalfüllung, Kassendienst

Fortbildung

11/2010   Workshop »Webdesign« im Jugendheim »Monks«

Hobbys, Engagement

Seit 10/2009   Malen, insb. Porträts

Betreuung von Kunst- und Musik-Workshops für Kinder und
Jugendliche im Jugendheim »Monks«

Mitglied der Band »Wild« (Keyboard)

Mönchengladbach, 11.05.2011

Laura Altenburg

Laura Altenberg / Verbesserte 2. Version / Lebenslauf (Kommentar Seite 127)

Zu den Unterlagen von Laura Altenburg

Version 1

Das **Anschreiben** ist gründlich misslungen: angefangen beim Briefkopf, in dem Adresse und Absender (ohne Telefonnummer!) unglücklich nebeneinander stehen, über eine veraltete Datumsangabe (»den«), bis zur fehlenden Betreffzeile und dem falschen Ansprechpartner, denn Leuther ist der längst verstorbene Gründer des Bilderrahmengeschäfts!

Lauras Bewerbungsanschreiben ist recht kurz und nichtssagend: Man sollte seine Bewerbungsabsicht auf andere Weise zum Ausdruck bringen. Besser wäre es dann schon gewesen, Laura hätte das Geschäft direkt aufgesucht, was in Kleinbetrieben durchaus üblich ist. Die Abschiedsformel (»Viele Grüße von Ihrer …«) klingt zu persönlich, der Hinweis auf Anlagen fehlt. Insgesamt enthält das Anschreiben zu viele Fehler, auch bei der Rechtschreibung.

Im **Lebenslauf** zählt die Bewerberin unnötige Details auf, z. B. die genauen Geburtsdaten von Eltern und Geschwistern und deren Namen. Die Zeitangaben sind nicht tabellarisch aufgeführt, wie im Lebenslauf erforderlich.

Den Auszug aus der mütterlichen Wohnung (womit auch unnötigerweise deutlich wird, dass die Eltern getrennt leben) braucht Laura nicht zu erwähnen.

Ihre Angaben zum derzeitigen Engagement hat sie ungeschickt formuliert und vergessen, den Webdesign-Kurs und ihre Jobs in zwei Supermärkten zu erwähnen. Das Foto ist recht sympathisch, keinesfalls schlecht geeignet. Ob es auch noch bessere Fotos von ihr gibt? Urteilen Sie selbst. Datum und Unterschrift fehlen.

Version 2

Das **Anschreiben** besticht schon durch die kreative, grafisch ansprechende Absenderzeile. Laura kennt sich mit dem PC aus, was dem Inhaber der Bilderrahmenhandlung nur recht sein kann! Sie hat sich nach dem korrekten Ansprechpartner für ihre Bewerbung erkundigt.

Im ersten Satz drückt sie ihre Motivation aus und geht im weiteren Text darauf ein, wieso sie für die Tätigkeit qualifiziert ist. Völlig in Ordnung, hier noch nicht zu erwähnen, dass sie ihre Lehre abgebrochen hat. Mit dem Satz »Ich bin absolut zuverlässig …« entkräftet sie mögliche Vorurteile gegenüber jungen Leuten. Mit der Bemerkung »… wesentlich zu erweitern …« deutet die Bewerberin dezent ihren Wunsch an, vielleicht später im Geschäft eine Ausbildung zu beginnen, ohne den Arbeitgeber sofort unter Druck zu setzen.

Der **Lebenslauf** beginnt mit der gleichen ungewöhnlichen Kopfzeile wie das Anschreiben. Das quadratische Foto der Bewerberin ist ein Hingucker. Allein schon ihre Arm-/Handhaltung, aber auch der offene, sympathische Gesichtsausdruck können eine große Wirkung auf den Betrachter erzielen. Insgesamt ist die grafische Gestaltung und Aufteilung des Blattes diesmal sehr übersichtlich und ansprechend.

Die persönlichen Daten erfüllen ihren Zweck, auch durch die wesentlich geschicktere Bezeichnung des väterlichen Berufs; in diesem Alter (20) ist es gerade noch passend, die Eltern und eventuell Geschwister aufzuzählen, um dem Leser eine (unbedingt immer positiv gefärbte) Vorstellung von den häuslichen Verhältnissen zu geben.

Laura weist bei ihrer Lehre nicht extra darauf hin, dass sie diese abgebrochen hat – die Gründe hierfür kann sie mündlich erläutern, wenn es so weit ist. Sie vergisst nicht, den wichtigen Workshop zum Webdesign anzugeben, der für die Bilderrahmen-Werkstatt Perspektiven aufzeigen kann. Auch spricht es für sie, dass sie durch Jobs in Supermärkten zum Lebensunterhalt beiträgt.

Ihre Aktivitäten im Jugendheim zeugen von handwerklichem Können, Kreativität und sozialer Verantwortung – Laura ist noch sehr jung, aber nach einer Neuorientierungsphase fleißig und zielstrebig. Das abschließende Datum und die Unterschrift runden den Lebenslauf ab.

Einschätzung

Mit diesen Unterlagen bekommt Laura Altenburg viel eher eine Einladung zum Vorstellungsgespräch.

ZU ALT UND/ODER ÜBERQUALIFIZIERT

Als zu »alter« Bewerber gilt man – je nach Stelle – im Extremfall schon ab Mitte 30 (in vielen Großunternehmen), meist jedoch ab Anfang 40, spätestens aber mit 50 Jahren. Leider!

Vor dem größeren Selbstbewusstsein und der Standfestigkeit reiferer Bewerber scheuen manche Arbeitgeber zurück, dabei sind es oft gerade diese Fähigkeiten, die sie für eine verantwortungsvollere Position, vor allem als Führungskraft, qualifizieren. Nach aktuellen Befragungsergebnissen können ältere, erfahrene Arbeitnehmer die Realisierbarkeit von Projekten gut einschätzen, für Stabilität in schwierigen Situationen sorgen und »Sackgassen« vermeiden. Leider erkennen immer noch zu wenige Unternehmen, dass jüngere und ältere Arbeitnehmer zusammen die besten Ergebnisse erzielen.

Was hilft?

Wenn Sie also nicht zu der begehrten Altersklasse gehören, betonen Sie im Lebenslauf das, was Sie auszeichnet:

- umfangreiche Berufspraxis
- gelegentliche Wec hsel von Arbeitgeber und/ oder Aufgabenbereich
- Hobbys, die von körperlicher Fitness, geistiger Kreativität und persönlicher Flexibilität zeugen und für ein gutes Leistungsvermögen sprechen.

Lassen Sie durch Ihre schriftlichen Unterlagen keinen Zweifel daran aufkommen, dass Sie sich auch altersmäßig für absolut geeignet halten.

Stellen Sie Ihr Licht nicht länger unter den Scheffel. Wenn das alle Menschen ab 50 machten, sähe es in dieser Gesellschaft anders aus. Entscheidend ist immer, was der oder die Einzelne von sich erwartet, was er oder sie glaubt, leisten zu können. Warum sollten andere Ihnen etwas zutrauen, wenn Sie es selbst nicht tun – und das, wo Sie sich doch am besten kennen? Nur wenn Sie von sich überzeugt sind, werden Sie auch in der Lage sein, andere von sich zu überzeugen. Es kommt also auf Ihr Selbstverständnis und Ihr Selbstvertrauen an.

Kommentiertes Beispiel

Werner Rogge
(Bewerbungsunterlagen auf Seite 129 ff.)
Herr Rogge (51) hat als Steinmetz auf verschiedenen Großbaustellen gearbeitet, bevor er Meister und Restaurator wurde. Seit einem Bandscheibenvorfall unterstützt er seinen Schwiegersohn beim Aufbau einer Schreinerwerkstatt. Er möchte junge Handwerker, die sich selbständig machen wollen, gern von seiner vielseitigen Berufserfahrung profitieren lassen. Daher bewirbt er sich initiativ als Sachbearbeiter mit Beratungsaufgaben bei einer Handwerkskammer.

LERNTEST

8. Lerntest: Ihre Einschätzung ist gefragt
(Achtung! Es können mehrere Antworten richtig sein.)

Was ist in der Bewertung Ihrer Bewerbung und damit für den Auswahlprozess wichtiger?

a) Ihre wirklich guten Arbeitszeugnisse
b) Ihre nachweislich sehr guten beruflichen Leistungen
c) Ihr nachvollziehbarer, positiv verlaufender beruflicher Werdegang

Die richtige Lösung finden Sie auf Seite 135.
Lösung 7. Lerntest: Richtig ist Antwort d.

Werner Rogge
Schlesische Straße 21
02827 Görlitz

Handwerkskammer Dresden
Am Lagerplatz 8
01099 Dresden

Görlitz, den 20.4.2011

Initiativbewerbung als Sachbearbeiter mit Beratungstätigkeiten

Sehr geehrte Damen und Herren,
hiermit möchte ich meinem großen Interesse an einer Tätigkeit in Ihrer
Institution Ausdruck verleihen, daher erhalten Sie meine Bewerbung. Ich bin
ein gestandener Handwerker, jedoch durch einen Bandscheibenvorfall nicht
mehr in der Lage, meinen Beruf auszuüben. Daher möchte ich gern in Ihrer
Kammer oder der von Cottbus, an die ich ebenfalls eine Bewerbung geschickt
habe, als Sachbearbeiter oder als Berater von Existenzgründern arbeiten.
Ich habe einen großen Erfahrungsschatz weiterzugeben. Junge Leute
können eine Menge von mir lernen, wie man ein Geschäft aufzieht, denn ich
unterstütze seit einiger Zeit erfolgreich meinen Schwiegersohn darin, eine
Schreinerwerkstatt aufzubauen. Ich kenne mich jetzt auch gut mit dem
Computer und mit Buchführung, Einkauf, Steuer etc. aus. Außerdem kann ich
mich gut in neue Gebiete einarbeiten, die ich bisher nicht beherrsche.

Mit freundlichen Grüßen, Ihr

Anlagen:
– Foto
– Lebenslauf
– Kopien mehrerer Zeugnisse

Werner Rogge / Schlechte 1. Version / Anschreiben (Kommentar Seite 134)

Lebenslauf

Name: Werner Rogge
Adresse und Telefon: Schlesische Straße 21
02827 Görlitz, Tel.: 0 35 81 / 2 35 74 98
Geburtsdatum und -ort: 21.8.1959 in Bautzen
Familienstand: verheiratet

1966 – 1976:
Einschulung; Abschluss der Polytechnischen Oberschule (Bautzen)

1976 – 1979:
Lehre als Steinmetz, Grabstein-Kombinat Ernst Thälmann (Bautzen)

1980 – 1986:
Steinarbeiter für den Wegebau in Neubaugebieten, Kombinat Roter Oktober (Dresden-Neustadt, Leipzig): Anlage von Fußwegen und Parkplätzen, Einfassen von Spiel- und Kulturplätzen

1987 – 1988:
Vorarbeiter im Steinbruch Weiße Klippe (Bad Schandau): Auswahl und Bearbeiten von Sandsteinen

1989 – 1998:
Polier auf Großbaustellen (Haus der Kultur in Rostock, Grundschule, Hotel): zuständig für die Eingangsbereiche (Schwedt, Berlin, Dessau): Fertigen und Versetzen von Formsteinen für Wände, Böden, Treppen

1998:
Fortbildung zum Steinmetzmeister (Handwerkskammer Berlin)

1999 – 2007
Restaurator in der Altbausanierung, v. a. Gründerzeit und Jugendstilgebäude (Berlin, Görlitz): Rekonstruktion von Fensterrahmungen und Reliefs, Rekonstruktion und Modellierung von Boden- und Wandplatten in Treppenhäusern; Ausbilder

2008
Krankheit (Bandscheibenvorfall) und Kuraufenthalt (Bad Saarow)

2009
Arbeitslosigkeit, Arbeitsamtsmaßnahme »Bewerbungs- und Motivationstraining« und »PC-Grundwissen Textverarbeitung und Tabellenkalkulation« (Bildungsstätte Meyer)

Seit 2010
Mithelfender Familienangehöriger beim Aufbau eines Steinmetzwerkstatt (Görlitz)

Kenntnisse:
Rekonstruktion von Steinobjekten
Beratungsfähigkeit und Verkaufstalent
Fahrerlaubnis Klasse 3

Werner Rogge / Schlechte 1. Version / Lebenslauf (Kommentar Seite 134)

Werner Rogge
Steinmetzmeister
Schlesische Straße 21
02827 Görlitz
Telefon: 03581 2357498
E-Mail: gerste@gmx.de

Handwerkskammer Dresden
Frau Kahlfeld
Am Lagerplatz 8
01099 Dresden

Görlitz, 20.04.2011

**Initiativbewerbung als
Sachbearbeiter oder Existenzgründungsberater**

Sehr geehrte Frau Kahlfeld,

in einem interessanten Telefonat mit Herrn Gerstung vom 18.04.11 erfuhr ich,
dass Sie die Ansprechpartnerin für mein Bewerbungsvorhaben sind.
Gern übergebe ich Ihnen diese Unterlagen, die meine Qualifikation und Praxis
veranschaulichen.

Mein Anliegen ist es, junge selbständige Handwerker darin zu unterstützen,
eine Existenz aufzubauen. Dazu stelle ich mich Ihrer Kammer als Berater
und/oder Sachbearbeiter vor. Als Steinmetzmeister und Restaurator im
Steinmetz- und Steinbildhauerhandwerk besitze ich umfassende Fachkenntnisse,
aber auch Erfahrungen mit Personaleinsatz und -führung. Seit ich mich am
Aufbau einer Werkstatt beteilige, habe ich mir vielseitiges kaufmännisches
Wissen angeeignet, unter anderem über Buchführung, Einkauf und Steuern.
Ich beherrsche die Anwendung mehrerer PC-Programme.

Wenn ich mich für etwas besonders engagiere, tue ich dies aus vollem Herzen,
aber auch mit vorausschauender Besonnenheit und einer guten Portion
gesunden Menschenverstandes.

Ich freue mich darauf, von Ihnen eine Einladung zu einem persönlichen
Gespräch zu erhalten.

Mit freundlichen Grüßen

Werner Rogge

Anlagen

Werner Rogge / Verbesserte 2. Version / Anschreiben (Kommentar Seite 134)

Lebenslauf

Werner Rogge
Steinmetzmeister
Schlesische Straße 21, 02827 Görlitz
Telefon: 03581 2357498
E-Mail: gerste@gmx.de
Geburt: 21.08.1959 in Bautzen
verheiratet

Berufserfahrungen

seit 2008	Unterstützung meines Schwiegersohnes beim Aufbau einer Schreiner-Werkstatt	Görlitz
	• Buchführung, Steuer • Auftragsbearbeitung • Kundenberatung	
1999–2007	Restaurator in der Altbausanierung (Gründerzeit und Jugendstil)	Berlin Görlitz
	• Rekonstruktion von Fensterrahmungen und Reliefs • Rekonstruktion und Modellierung von Boden- und Wandplatten in Treppenhäusern • Ausbildung von Steinmetzen	
1989–1998	Polier auf Großbaustellen (Haus der Kultur, Grundschule, Hotel): zuständig für die Empfangsbereiche	Rostock Schwedt Berlin Dessau
	• Fertigen und Versetzen von Formsteinen für Wände, Böden, Treppen	
1987–1988	Vorarbeiter im Steinbruch Weiße Klippe	Bad Schandau
	• Auswahl und Bearbeiten von Sandsteinen	
1980–1986	Steinarbeiter für den Wegebau in Neubaugebieten, Kombinat Roter Oktober	Dresden-Neustadt Leipzig
	• Anlage von Fußwegen und Parkplätzen • Einfassen von Spiel- und Kulturplätzen	

Qualifikationen, Kurse

2009	Existenzgründerlehrgang, BB-Wirtschaftsberatung GmbH	Görlitz
2006	Kommunikations- und Motivationstraining, Bildungsstätte Hartwig	Görlitz
2006	PC-Grundwissen: Textverarbeitung und Tabellenkalkulation, Bildungsstätte Meyer	Görlitz
2003	Restaurator(in) im Steinmetz- und Steinbild-hauerhandwerk, Görlitzer Fortbildungszentrum für Handwerk und Denkmalpflege e. V.	Görlitz
1998	Fortbildung zum Steinmetzmeister, Handwerkskammer Berlin	Berlin

Schule und Ausbildung

1976–1978	Lehre als Steinmetz, Grabstein-Kombinat Ernst Thälmann	Bautzen
1966–1976	Schulbesuch mit Abschluss der Polytechnischen Oberschule	Bautzen

Kenntnisse und Interessen

PC: Text, Tabelle, Internet

Fahrerlaubnis Klasse B

antike Tempelanlagen

Brieftaubenzucht

Radwandertouren

Görlitz, 20.04.2011

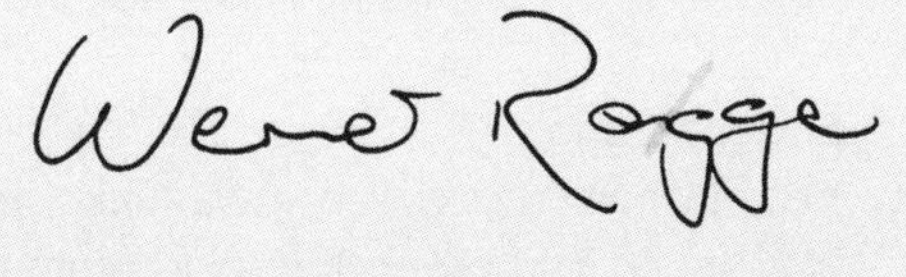

Werner Rogge

Werner Rogge / Verbesserte 2. Version / Lebenslauf 2. Blatt (Kommentar Seite 134)

Zu den Unterlagen von Werner Rogge

Wieder geht es um einen Bewerber mit längerer Krankheitsphase und gesundheitlichen Einschränkungen. Hinzu kommt sein höheres Alter. Weder verschweigt er seine Schwachstellen völlig, noch weist er bewusst darauf hin. Bei seinem Beruf bilden Rückenbeschwerden fast den Normalfall.

Version 1

Im **Anschreiben** fallen sofort die eng beschriebene Seite und der unproportionierte Text unangenehm auf. Herr Rogge drückt sich im ersten Halbsatz etwas »geschraubt« aus. Im zweiten kommt er schon auf seine körperlichen Einschränkungen zu sprechen. Ebenso ungeschickt ist der Hinweis, dass er sich auch in einer anderen Handwerkskammer beworben hat.

Seine gut gemeinte Aussage darüber, was junge Leute von ihm lernen können, klingt belehrender, als sie wahrscheinlich gemeint ist. Am Ende fehlt ein Überleitungssatz zur Grußformel. Diese benötigt kein Komma! Auch das »Ihr« ist überflüssig. Leider hat er direkt daneben unterschrieben. Ebenfalls unnötig: die Einzelaufzählung der Anlagen.

Was für das Anschreiben gilt, setzt sich im **Lebenslauf** fort: ein kaum gegliederter, wenig ansprechender Text mit einem etwas zu kleinen, eher langweiligen, nicht ermutigenden Foto. Alle Daten folgen rein chronologisch hintereinander, darunter auch seine Krankheit und Arbeitslosigkeit.

Zwar hat der Bewerber die Zeiträume durch eine Extrazeile hervorgehoben, aber die danach folgenden Angaben sind teilweise zu ungeordnet und umfangreich, z. B. seine Tätigkeiten in der Altbaurestaurierung. Er scheint eine Vorliebe für Klammern zu haben, in denen er Orte, aber auch weitere Detailangaben unterbringt.

Bei »Kenntnisse« führt er fachliche Dinge auf, die selbstverständlich zu seinem Beruf gehören. »Beratungsfähigkeit und Verkaufstalent« gehen etwas darüber hinaus, passen aber nicht zu dieser Bewerbung. Außerdem: Unter dem Lebenslauf fehlen Ort, Datum und die Unterschrift von Herrn Rogge.

MERKBLOCK

Nicht, dass das Anschreiben völlig unwichtig ist!
Es wird jedoch in seiner Bedeutung von den meisten Bewerbern überschätzt. Alles was zählt, muss sich in Ihrem beruflichen Werdegang (Lebenslauf) befinden, muss da gut vorgetragen sein …

Version 2

Das **Anschreiben** spricht schon äußerlich an. Herr Rogge hat sich telefonisch nach der Ansprechpartnerin für die Bewerbung erkundigt, wobei er einige Vorinformationen einholen konnte. Er formuliert sein Schreiben klar, umfassend und freundlich. Der letzte Absatz sagt viel über seine Persönlichkeit aus und dürfte für ihn sprechen, sofern eine Position zu besetzen ist.

In seinem **Lebenslauf** passen alle Teile wie in einem Mosaik zusammen. Das interessante, sehr seriöse quadratische Foto und die geschickt präsentierten persönlichen Angaben bilden einen angenehmen Blickfang. Die rechtsbündigen Überschriften sind etwas unkonventionell und vielleicht nicht jedermanns Geschmack, dafür sind aber die Daten sehr übersichtlich angeordnet. Zeiträume, Tätigkeiten mit Arbeitgeber sowie Orte bilden jeweils eine Spalte (randlose Tabelle), was die räumliche Flexibilität des Bewerbers betont.

Der umgekehrt aufgebaute Lebenslauf (amerikanische Form/chronologisch rückwärts) rückt seine derzeitige Tätigkeit in den Mittelpunkt. Auch die deutsche Form wäre hier möglich. Der Bewerber erläutert dann mehrere wichtige Aufgabenbereiche seiner Arbeitsstellen etwas genauer. Dass seine handwerkliche Berufstätigkeit vor einigen Jahren endete, wird beim Leser die richtige Vermutung auslösen. Er muss seine Gesundheit schonen, in dieser Branche ist das kein Einzelfall. Gerade durch die Unterstützung beim Geschäftsaufbau beweist der Kandidat Unternehmergeist, Belastbarkeit, kaufmännisches Wissen und Teamgefühl: alles Eigenschaften, die er auch als Berater gut einsetzen könnte.

Unter »Qualifikationen und Kurse« führt Herr Rogge nicht nur seinen Meister- und den Restaurator-Lehrgang auf, sondern auch ein Existenzgründerseminar, das für seine berufliche Absicht ebenso von Bedeutung ist wie das Kommunikationstraining.

Bei den Hobbys weist Herr Rogge auf sein Faible für antike Tempelanlagen hin – ein weiteres Zeichen des Engagements für seinen Beruf und sein kulturelles Interesse. Als Brieftaubenzüchter verfügt er über ein ausgeprägtes Verantwortungsbewusstsein und Geduld, als Radwanderer über eine ausreichende Fitness – eine interessante Persönlichkeit!

Einschätzung

Mit seiner eindrucksvollen, etwas unkonventionellen Bewerbung bleibt Herr Rogge sicher im Gedächtnis und könnte durchaus in Frage kommen, wenn eine Stelle frei ist oder eingerichtet werden kann!

ÜBERQUALIFIZIERT

Auch eine wesentlich höhere Qualifikation als gefordert kann Ihnen als Bewerber zum Nachteil gereichen. Der Arbeitgeber fürchtet vor allem, dass »Überqualifizierte« bald ein höheres Gehalt verlangen, als er zu zahlen bereit ist. Darüber hinaus rechnet er mit einem Mitarbeiter, der selbständig denkt und handelt, was paradoxerweise nicht immer erwünscht ist. Auch die Vermutung, dass der Hochqualifizierte sich bald langweilt und sich nach neuen beruflichen Herausforderungen umschaut, ist groß.

Was hilft?

Falls Sie sich für eine entsprechende Stelle bewerben, **passen Sie Ihre Selbstdarstellung dem Niveau etwas an**. Später wird Ihr Chef Ihre Qualitäten vielleicht doch noch sehr schätzen. Nicht jeder Personaler hat mit eigentlich überqualifizierten Bewerbern Pech, viele profitieren von deren Leistungsstärke und Selbständigkeit. Zunehmend trifft man Absolventinnen der Germanistik, Anglistik oder sogar Juristinnen als Assistentinnen oder Sekretärinnen an.

Kommentiertes Beispiel

Wir zeigen Ihnen, wie sich eine sehr gut qualifizierte Wissenschaftlerin vorteilhaft darstellen kann, ohne ihren potenziellen Arbeitgeber »abzuschrecken«. Sie sehen an dieser Stelle nur die zweite, optimierte Version der Unterlagen.

Dr. Angelika Markelt

(Bewerbungsunterlagen auf Seite 136 ff.)
Die hoch qualifizierte, promovierte Chemikerin ist zunächst als wissenschaftliche Mitarbeiterin, dann als Abteilungsleiterin in einem Kunststoffbetrieb tätig und führt in einem weiteren Kunststoffbetrieb die Qualitätskontrolle durch. Nach der Schließung des Betriebs lässt sie sich in den Bereichen Verkaufstraining und Projektmanagement qualifizieren. In einem nordrhein-westfälischen Kunststoffwerk findet sie eine neue Aufgabe als Verkaufsrepräsentantin. Jetzt strebt sie eine Stelle als Vertriebsrepräsentantin von Kunststoffen bei der Ritter AG an. Mit 47 Jahren ist sie etwas älter, als die meisten Personalchefs es sich wünschen, selbst wenn man berücksichtigt, dass die Bewerberin promoviert ist.

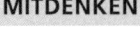

MITDENKEN

Die ultimativ wichtigsten Dinge für Ihr erfolgreiches schriftliches Bewerbungsvorhaben

- Eine optimale Vorbereitung, d. h. alles gut durchdenken, planen und dann strategisch vorgehen
- Ihr Selbstbewusstsein, Selbstvertrauen und den Glauben an die eigene Selbstwirksamkeit stärken
- Sich unbedingt Unterstützung geben lassen, aber auch aktiv erbitten
- Ein Bewusstsein zu entwickeln, was wirklich wichtig für Sie und Ihr Vorhaben ist und was nicht
- Um die Bedeutung von **KLP** wissen (Kompetenz, Leistungsmotivation, Persönlichkeit)
- Über die wichtigsten Erfolgseigenschaften **(KoKoKo)** in der Arbeitswelt Bescheid wissen
- Sich der Bedeutung von Sympathie, Vertrauen und Zutrauen im Klaren sein (Stichwort sympathisches Foto)

Lösung 8. Lerntest: Alle Antworten wiegen etwa gleich viel und sind richtig!

Dr. Angelika Markelt • Rohrdamm 17 • 32051 Herford
Telefon: 05221 8712713

Dr. Angelika Markelt

geboren am 03.01.1964
in Grimma

Bewerbung als Vertriebsrepräsentantin für die Vermarktung von Kunststoffen
bei der Ritter AG in Frankfurt a. M.

Dr. Angelika Markelt / Deckblatt (Kommentar Seite 140)

Dr. Angelika Markelt • Rohrdamm 17 • 32051 Herford
Telefon: 05221 8712713

Werdegang

Kenntnisse, Erfahrungen und Fähigkeiten

- Konzeptionelle und organisatorische Arbeit im Vertrieb
- Akquisition und Kundenbetreuung
- Verhandlungs- und Gesprächsführung
- Mitarbeit in der Berichterstattung gegenüber Industriepartnern
- Fachkenntnisse in der Entwicklung und Verarbeitung von Kunststoffen und Thermomaterialien
- Fachkenntnisse in der Qualitätssicherung nach ISO 9000 ff.
- Grundlegendes Wissen der Volks- und Betriebswirtschaft

Berufstätigkeit

2003–2010	Verkaufsrepräsentantin, Berger AG, Herford Geschäftsbereiche: Technische Kunststoffe, Elastomere, Polyester
1996–2000	Qualitätskontrolle für die Kunststoff verarbeitenden Ernst-Thälmann-Werke in Eisenach/Thüringen
1995–1996	Abteilungsleiterin für Forschung und Entwicklung in der Berliner Zentrale der Ernst-Thälmann-Werke
1990–1992	Forschungs-Mitarbeiterin im Werk für Thermomaterialien, Ludwigsfelde

Dr. Angelika Markelt / Lebenslauf 1. Blatt (Kommentar Seite 140)

Dr. Angelika Markelt • Rohrdamm 17 • 32051 Herford
Telefon: 05221 8712713

Berufliche Aus- und Weiterbildung

2001–2002	Technisches Projektmanagement Almanach Training GmbH Potsdam, Schwerpunkte: • Projektmanagement • Buchführung, Controlling • Recht (BGB, HGB), Gesellschaftsrecht • Betriebswirtschaftslehre • EDV
2000–2001	Fortbildung in: Verkaufstraining, Wirtschaftsenglisch, Moderne Kunststoffentwicklung
1993–1995	Doktorarbeit: Entwicklung und Fertigung von Polyurethan-Formteilen Technische Universität Cottbus
1985–1990	Chemiestudium, Fachrichtung Kunststofftechnik Technische Universität Cottbus

Schulischer Bildungsweg

1972–1984	Schulausbildung in Grimma Allgemeine Hochschulreife

Kenntnisse und Interessen

EDV	Programme: Microsoft Office, Outlook, dBase, Excel, MS-Projekt, DATEV
Fremdsprachen	Englisch in Wort und Schrift; Russisch
Führerschein	Klasse B
Interessen	Basketball, Skilaufen Versteigerungen

Herford, 1. Februar 2011

Dr. A. Markelt

Dr. Angelika Markelt / Lebenslauf 2. Blatt (Kommentar Seite 140)

Dr. Angelika Markelt • Rohrdamm 17 • 32051 Herford
Telefon: 05221 8712713

Warum ich mich bewerbe ...

Mit dem Ziel, meine Arbeitswelt verantwortungsbewusst und aktiv mit-zugestalten, habe ich mein Wissen kontinuierlich erweitert und dieses dann in der Praxis erprobt und erfolgreich umgesetzt. Dabei erwarb ich nicht nur praktische Erfahrungen in den Bereichen des Vertriebs, der Konstruktion, Fertigung und Qualitätssicherung, sondern ich entwickel-te neben meiner Fähigkeit zum selbständigen Arbeiten auch eine hohe soziale Kompetenz. Der Umgang und die zielorientierte Zusammenarbeit mit anderen Menschen sind für mich persönlich von großer Bedeutung.

Meine Flexibilität und der Mut, bewährte Wege zu verlassen, um Neues zu entdecken, verdeutlichen mein berufliches Engagement auf verschie-denen Fachgebieten und in verschiedenen Funktionen.

Dr. Angelika Markelt / »Dritte Seite« (Kommentar Seite 140)

Zu den Unterlagen von
Dr. Angelika Markelt

Auf dem ästhetisch gestalteten **Deckblatt** fällt der Blick zunächst auf den Briefkopf, der durch die letzten beiden Zeilen optisch gespiegelt wird. Hier fehlt nur der Hinweis auf eine Berufsidentität, die die Bewerberin sicherlich mit Absicht weggelassen hat, um nicht gleich als überqualifiziert aussortiert zu werden – obgleich die Promotion sie als Vollakademikerin ausweist und das bereits ein »Risiko« in Richtung Überqualifizierung beinhaltet. In der Bildmitte finden wir einen angemessenen Platz für das Foto und die persönlichen Daten. So bestens eingestimmt, blättert der Leser erwartungsvoll weiter.

Im folgenden **Werdegang** wird für den eiligen Leser Wichtiges prägnant und sehr schön übersichtlich auf den Punkt gebracht. Die Angaben sind recht interessant aufgebaut und entsprechend gestaltet, vom Umfang her gut lesbar, bei klarer Gliederung der Hauptabschnitte (Berufstätigkeit, berufliche Aus- und Weiterbildung etc.). Hierbei betont Frau Markelt jedoch nicht ihren Studienabschluss, sondern die Kenntnisse im Vertrieb. Die Funktion als Abteilungsleiterin ist nicht anders darzustellen, jedoch schon sehr lange her und daher von untergeordneter Bedeutung. Die jetzt bereits einige Monate andauernde Arbeitslosigkeit wird nicht weiter thematisiert (und ist durch die Jahresangabe auch nicht sofort identifizierbar). Warum auch? Soll sich die Bewerberin dafür entschuldigen oder erklären, was sie aktuell macht? Nicht mit diesem Hintergrund und nicht bei einer Arbeitslosigkeit, die noch relativ kurz ist.

Die **Dritte Seite** beginnt mit einer Überschrift, die zum Lesen anregt. Mit der Bemerkung »Meine Flexibilität und der Mut, bewährte Wege zu verlassen …« deutet die Bewerberin an, dass sie außerhalb des »normalen« stetigen Karriereaufstiegs Erfüllung finden kann.

Zum **Foto**: Eine jugendliche, sehr entspannt und glücklich wirkende Kandidatin präsentiert sich mit einem etwas angeschnittenen Bild. Das ist gute Werbung in eigener Sache, wenn auch das Outfit verbesserungswürdig erscheint.

Und noch etwas: Immer mit vollem Vornamen unterschreiben! Das A steht für Angelika. Ein sympathischer Vorname. Den lässt man doch nicht einfach weg!

Einschätzung
Einige sehr gute neue Ideen, die die Kandidatin als Junggebliebene identifizieren!

DIE NEUE DIN 5008

Seit September 2006 sind beim Anschreiben folgende formale Neuerungen zu beachten:

- Die Leerzeile im Anschriftenfeld, die bisher Name und Straße vom Ort und ggf. auch dem Land getrennt hat, fällt weg. Damit passt sich die DIN 5008 den internationalen Gepflogenheiten an.
- Beim Datum gibt es die Möglichkeit zu wählen: die nummerische oder die alphanummerische Schreibweise stehen zur Auswahl. Bei der nummerischen dürfen Sie zwischen der nummerisch nationalen (26.04.2011) und der nummerisch internationalen Variante (2011-04-26) wählen. Auch wichtig: Bei einstelligen Tages- oder Monatsziffern sollte jetzt bei der nummerischen Schreibweise immer eine Null vorangestellt werden. Bei der alphanummerischen Schreibweise schreiben Sie den Monat in Buchstaben (26. April 2011).
- Telefonnummern werden jetzt in Ortsvorwahl und Anschluss gegliedert. Die Durchwahl wird durch einen Bindestrich von der Hauptwahl getrennt: 0511 1234-567. Bei einer internationalen Nummer wird die Landesvorwahl, z. B. +49, vorangestellt und die Null der Ortsvorwahl weggelassen.: +49 511 1234-567.
- Zu beachten ist beim Prozentzeichen oder kaufmännischen Und-Zeichen: Da diese Zeichen ein Wort vertreten, werden sie nicht direkt an die Zahl geschrieben, sondern haben ein Leerzeichen dazwischen. Also 16 % statt 16% oder Mayer & Sohn statt Mayer&Sohn.
- Postfachnummern werden wie gehabt in Zweierschritten von hinten nach vorne gegliedert (Postfach 1 23).

Beispiele und weitere DIN-Regeln finden Sie in Artikeln der einschlägigen Büro-Fachpresse, auf der beiliegenden CD sowie unter www.din-5008-richtlinien.de. Für unsere Musterschreiben haben wir die genannten Richtlinien weitgehend eingehalten, behalten uns aber geringfügige Änderungen aus gestalterischen Gründen vor.

DAS ERGEBNIS

So, nun liegt er vor Ihnen: Ihr beruflicher Werdegang, die Beschreibung Ihres beruflichen Lebens. Zufriedenstellend ist dieses Dokument dann, wenn es Ihre Fähigkeiten, Kenntnisse und Erfahrungen in einer für den Leser ansprechenden und nachvollziehbaren Weise darstellt. Und natürlich, wenn darin von irgendwelchen Problemen nichts zu merken ist. Machen Sie sich klar: Ihr Ziel besteht darin, die nächste Runde im Auswahlverfahren zu erreichen. Das ist in den meisten Fällen eine Einladung zum persönlichen Gespräch. Wenn es dann um die eine oder andere zeitliche Lücke, einen Umweg auf der beruflichen Linie oder eine ungeklärte Auszeit geht, können Sie nun – von Angesicht zu Angesicht – vermutlich leichter darüber sprechen und Ihr Gegenüber davon überzeugen, dass kleine Schönheitsfehler eben zum Arbeitsleben dazugehören. Wir wünschen Ihnen für Ihr Bewerbungsunternehmen alles Gute und viel Erfolg.

WAS SIE NOCH WISSEN SOLLTEN

Wir sind nicht auf der Welt, um so zu sein, wie andere uns haben wollen

Das Autorenteam Hesse/Schrader ist seit über 25 Jahren auf dem Sektor der Bewerbungsratgeber sowie zu weiteren Themen aus der Arbeitswelt publizistisch tätig und hat im Laufe dieser Zeit mehr als 150 Bücher veröffentlicht. Am Anfang stand die erstmalige Veröffentlichung aller gängigen so genannten Intelligenztests und deren kritische Reflexion in dem Buch *Testtraining für Ausbildungsplatzsuchende* (1985). Ebenfalls Neuland zum Bereich »Überleben in der Arbeitswelt« erschloss ihr Buch *Die Neurosen der Chefs – die seelischen Kosten der Karriere* (1994).

Von besonderem Interesse für den Leser dieses Buches dürfte auch die Reihe »Die perfekte Bewerbungsmappe« sein – Bücher im DIN-A4-Format, die zahlreiche Beispiele im Originalformat zeigen und auf die unterschiedlichen Situationen von Bewerbergruppen (Azubis, Hochschulabsolventen, Führungskräfte) eingehen. Auch die Bücher *Das 1x1 der schriftlichen Bewerbung* sowie *Bewerbungsstrategien für Führungskräfte. Den Karrieresprung schaffen* behandeln die Themen, die zur Verwirklichung Ihrer beruflichen Ziele von großer Bedeutung sind. Weitere Hilfestellungen bieten die Hesse/Schrader Trainings *Initiativbewerbung*, *Schriftliche Bewerbung*, *Vorstellungsgespräch* und *Arbeitszeugnis* (alle ebenfalls im DIN-A4-Format).

Beide Autoren verfügen über eine langjährige Erfahrung als Seminarleiter bei Bewerbungstrainings. Ein besonderes Interesse gilt der gewerkschaftlichen Bildungsarbeit in Form von Anti-Mobbing- und Konfliktmanagement-Seminaren.

1992 gründeten sie in Berlin das *Büro für Berufsstrategie,* das ausschließlich Arbeitnehmer in allen erdenklichen beruflichen Fragen berät und unterstützt. Mehr als 25 Jahre Buchpublikationen und fast 20 Jahre tägliche Beratungsarbeit mit Kandidatinnen und Kandidaten, die das *Büro für Berufsstrategie* aufsuchen, zeichnen die Autoren als kompetent und praxiserfahren aus.

Wenn Sie persönliche Anregungen wünschen, Rat und Unterstützung brauchen, wenden Sie sich bitte an das *Büro für Berufsstrategie:*

Büro für Berufsstrategie
Hesse/Schrader
Oranienburger Straße 5
10178 Berlin
Tel. 030 288857-0
Fax 030 288857-36
www.berufsstrategie.de

Bitte beachten Sie auch unsere Büros in Frankfurt, Stuttgart, Hamburg, Köln, Leipzig, Wiesbaden und München. Wir prüfen auch Ihre Bewerbungsunterlagen!

Mit den Hesse/Schrader Trainingsmappen zum Bewerbungserfolg

Können wir noch mehr für Sie tun?

Unser erfahrenes Berater- und Trainerteam bietet Ihnen professionelle Beratung zu allen beruflichen Themen und Fragestellungen an. Wir wissen, worauf es ankommt und unterstützen Mitarbeiter und Führungskräfte bei der Umsetzung ihrer beruflichen Wünsche und Ziele. Ebenso beraten wir Berufsanfänger, Wiedereinsteiger, bei Veränderungen oder Kündigungen.

Wobei benötigen Sie Unterstützung?

Beratung & Coaching zu

- Karriereplanung
- Potenzialanalyse
- Coaching
- Bewerbungsstrategien
- Berufsorientierung
- Bewerbungsunterlagen
- Vorstellungsgespräche
- Assessment Center-Training
- Arbeitszeugnisse
- Outplacement & Kündigung

Seminare & Trainings zu

- Bewerbung & Karriereentwicklung
- Kommunikation & Arbeitstechniken
- Verhandeln & Verkauf
- Führung & Personal
- Umgang mit Anderen
- Gesund im Job

Jürgen Hesse und Hans Christian Schrader

Gerne beraten wir Sie auch persönlich und telefonisch!

Sie finden auf unserer Homepage unter

www.berufsstrategie.de

viele Texte, praktische Tipps und Informationen zu Job & Beruf.

Außerdem können Sie sich dort über unsere individuellen Beratungsangebote und alle Seminartermine informieren, E-Books und Mustervorlagen downloaden oder weitere Bücher von Hesse/Schrader bestellen.

Möchten Sie regelmäßig unser Hesse/Schrader-Telegramm erhalten? Dann melden Sie sich gleich an:

www.berufsstrategie.de

Büro für Berufsstrategie Hesse/Schrader
Oranienburger Straße 4-5
10178 Berlin
Telefon 030 2888570
E-Mail info@berufsstrategie.de

Büro für Berufsstrategie
Hesse/Schrader
Die Karrieremacher.

Berlin • Frankfurt • Hamburg • München
Köln • Leipzig • Stuttgart • Wiesbaden